实现危险化学品安全之梦丛书

血和泪背后的教训

危险化学品事故预防和应急处置

周学良　编

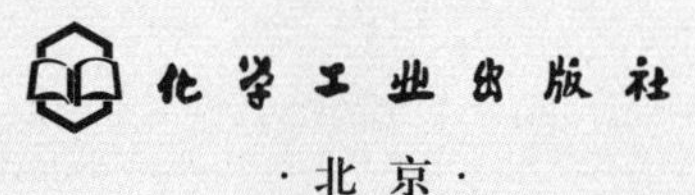

·北京·

《实现危险化学品安全之梦丛书》有3册：《话说危险化学品与安全标志》、《危险化学品安全技术》、《危险化学品事故预防和应急处置》。作者将多年来在危险化学品安全培训班上的讲课内容，结合自己在危险化学品企业的工作体会，以活泼的形式、通俗的语言介绍了化工（危险化学品）企业主要负责人、安全管理人员和特种作业人员、操作工进行安全培训需要的知识。

《危险化学品事故预防和应急处置》介绍了化工（危险化学品）企业事故隐患排查治理、危险化学品重大危险源及生产安全的应急管理和对8项危险作业（动火、进入受限空间、高处、吊装、临时用电、动土、盲板抽堵、检维修等）的安全管理等项工作，以及一旦发生火灾、爆炸、化工中毒、化学灼伤、危险化学品泄漏、触电等事故的应急处置。

《危险化学品事故预防和应急处置》实用性、针对性强，可作为化工（危险化学品）企业主要负责人、安全管理人员和特种作业人员、操作工进行安全培训的教材，尤其是一线工人必备的安全手册。也可供危险化学品企业从业人员学习和参考。

图书在版编目（CIP）数据

危险化学品事故预防和应急处置：血和泪背后的教训/周学良编. 北京：化学工业出版社，2016.6

（实现危险化学品安全之梦丛书）

ISBN 978-7-122-27002-3

Ⅰ.①危… Ⅱ.①周… Ⅲ.①化工产品-危险物品管理-事故处理-安全培训-教材 Ⅳ.①TQ086.5

中国版本图书馆CIP数据核字（2016）第099786号

责任编辑：刘俊之　　　　装帧设计：韩　飞

责任校对：吴　静

出版发行：化学工业出版社（北京市东城区青年湖南街13号　邮政编码100011）

印　　装：三河市延风印装有限公司

850mm×1168mm　1/32　印张5　字数83千字

2016年9月北京第1版第1次印刷

购书咨询：010-64518888（传真：010-64519686）　售后服务：010-64518899

网　　址：http://www.cip.com.cn

凡购买本书，如有缺损质量问题，本社销售中心负责调换。

定　　价：27.00元

现在各地都在对危险化学品企业主要负责人、安全管理人员和特种作业人员进行法定的安全培训，通过培训考核合格再由有关部门发给培训合格证或上岗证，这些证件也是企业申领（或换发）危险化学品企业安全许可证和安全标准化达标考核时必须要提供的审查材料之一。但这些企业中有些从业人员，特别是一线工人往往缺少这方面系统的培训，一旦发生事故，这些一线工人又是首当其冲的受害者。出于这方面的考虑，笔者将多年来在危险化学品安全培训班上的讲课内容，结合自己在危险化学品企业的工作体会，选择其中与从业人员，尤其是一线工人关系较密切的一些内容用通俗的语言，深入浅出地将有关的安全基础知识汇编成册，供危险化学品企业从业人员学习和参考。

本书在编撰过程中除参考书中所列资料外，也有部分参考了其他有关书刊、规范、标准等资料，恕未一一列出，在此一并致以谢意。

由于现行法规、规范、标准更新较快，加上笔者水平有限，书中恐有不当之处，敬请各位读者批评指正。

周学良

2016年4月于杭州

目 录
CONTENTS

每年的6月份是全国的安全生产月。各地从上到下都会开展一些与安全生产有关的活动。某省安全生产学会在此期间也组织有关安全生产领域的专家赴基层一些危险化学品企业进行安全技术服务。

结合近年来国内发生的一系列较大的危险化学品事故：如2013年6月3日吉林省一家禽业公司的火灾爆炸事故、2014年8月2日江苏省一家金属制品企业铝粉尘燃爆事故、2015年8月12日天津港一家危险化学品储运企业的燃爆事故，均造成了百余人死亡和巨大财产损失。该安全生产学会希望通过这些血的教训能促进企业做好事故隐患排查治理、危险化学品重大危险源及生产安全的应急管理等项工作，以减少危险化学品企业易发多发的火灾、爆炸、化工中毒、化学灼伤、危险化学品泄漏、触电等事故。希望能加强化工（危险化学品）企业对8项危险作业（动火、进入受限空间、高处、吊装、临时用电、动土、盲板抽堵、检维修等）的安全管理。为使这些知识内容能生动活泼地反映出来，作者设想了专家们赴企业生产现场安全检查，通过检查出的问题，专家以技术咨询的方式回答上述内容的各种场景。以此能激发读者对学习安全知识的兴趣，这也是作者的一种新的尝试。

第一章

危险化学品企业的事故隐患排查和治理

林秘书长
（省安全生产学会）

每年的6月是全国安全生产月，为帮助企业做好安全生产工作，本学会在6月初特意组织多名从事危险化学品安全工作的专家到厂里来走访，提供技术服务。厂里有什么需求可提出来与专家一起商讨。

我厂是一家生产合成氨的老厂，生产设备大多运行多年，由于资金问题，近年来未作大的技术改造和设备更新，生产系统难免会存在着一些问题和不足。我建议各位专家先到现场去看一看，然后针对我厂情况给予指导。

张厂长
（某合成氨厂）

在张厂长带领下，各位领导和专家陆续参观了该厂的造气、脱硫、压缩、变换、脱碳、精炼、氨合成等车间，然后又回到厂会议室。

单工
（省安全科技
咨询公司高工）

从现场情况看确实由于建厂时间较早，有些设备、设施运行年限较长，设备型号偏老，性能较差，存在一些需要完善和改进的地方，如有些机泵还存在泄漏或带病运行的现象，有些就地仪表与二次仪表显示不完全吻合，有些自控仪表未用起来。有些车间里设备布置不尽合理等。这些问题中有些就属于生产上的事故隐患。建议企业要加强事故隐患的排查和治理方面的工作。

今天来会议室参会的人中有我厂各职能科室、车间的负责人和各车间安管员，能否请专家给我们具体讲一讲怎样排查生产上的事故隐患？查些什么内容？如何进行治理？

张厂长
（某合成氨厂）

好的，下面我先来介绍一下危险化学品企业的事故隐患怎么排查？

单工
（省安全科技
咨询公司高工）

第一节　什么叫事故隐患

在生产、使用和储存危险化学品的企业里，其作业场所、设备设施、人的行为及安全管理等方面如存在不符合国家安全生产法律、法规、规范、标准及安全生产管理制度规定的；或者在以上法律、法规、规范、标准等未作明确规定，但在企业危害识别过程中识别出作业场所、设备设施，人的行为及安全生产管理等方面在生产经营活动中存在可能导致事故发生或事故后果扩大等缺陷的，均称为事故隐患。

第二节　怎样排查事故隐患

根据国家安监总局《危险化学品企业事故隐患排查治理实施导则》的通知（安监总管〈2012〉103号）（以下简称《导则》）要求，事故隐患的排查可通过以下途径：

1. 日常排查

通过班组、岗位员工的交接班检查和班中巡回检查，以及基层单位领导和工艺、设备、电气、仪表、安全等专业技术人员的日常性检查。在日常隐患排查中应重点关注关键装置、要害部位、关键环节、重大危险源的检查和巡查。

2. 综合性排查

以保障安全生产为目的，以安全责任制，各项专业管理制度和安全生产管理制度落实情况为重点，各有关专业和部门共同参与的全面检查。

3. 专业排查

对区域位置及总图布置、工艺、设备、电气、仪表、储运、消防和公用工程等系统分别进行的专业检查。

4. 季节性排查

根据各季节特点开展的专项隐患检查。如春季以防雷、防静电、防解冻泄漏、防解冻坍塌为重点；夏季以防雷暴、防设备容器高温超压、防台风、防洪、防暑降温为重点；秋季以防雷暴、防火、防静电、防凝保温为重点；冬季以防火、防爆、防雪、防冻防凝、防滑、防静电为重点。

5. 重大活动及节假日前排查

在重大活动和节假日前，对装置生产是否存在异常状况和隐患、备用设备状态、备品备件、生产及应急物资储备、保运力量安排、企业保卫、应急工作等进行的检查，特别是要对节日期间干部带班、值班、机电仪保运及紧急抢修力量安排、备件及各类物资储备和应急工作进行重点检查。

6. 事故类比排查

当同类企业发生事故后应立即开展对本企业的举一反三安全检查。如2013年吉林省一家涉氨企业因氨泄漏发生火灾爆炸的特别重大事故发生后，各地涉氨企业都拉网式地开展了举一反三的安全检查，进行了事故类比隐患排查。

以上讲了排查隐患的途径，但具体应该怎样查？其频次有什么要求？可见下节。

单工
（省安全科技
咨询公司高工）

第三节 事故隐患的排查频次

1. 装置操作人员现场巡检间隔不得大于2小时，涉及“两重点一重大”（两重点：重点监管的危险化学品和重点监管危险化工工艺。一重大：危险化学品重大危险源）的生产、储存装置和部位的现场巡检间隔不得大于1小时，宜采用不间断巡检方式，进行现场巡检。

2. 基层车间（装置）直接管理人员（主任、工艺、设备技术人员）、电气、仪表人员每天至少两次对装置现场进行相关专业检查。

3. 基层车间应结合岗位责任制检查，至少每周组织一次隐患排查，并和日常交接班检查和班中巡回检查中发现的隐患一起进行汇总，基层单位（厂）应结合岗位责任制检查，至少每月组织一次隐患排查。

4. 企业根据季节性特征及本单位的生产实际，每季度开展一次有针对性的季节性隐患排查；重大活动及节假日前必须进行一次隐患排查。

5. 企业至少每半年组织一次，基层单位至少每季度组织一次综合性隐患排查和专业隐患排查，两者可结合进行。

6. 当获知同类企业发生伤亡及泄漏、火灾爆炸等事故时，应举一反三，及时进行事故类比隐患专项排查。

7. 对于区域位置、工艺技术等不经常发生变化的，可依据实际变化情况确定排查周期，如果发生变化，应及时进行隐患排查。

8. 涉及“两重点一重大”的危险化学品生产、储存企业应每五年至少开展一次危险与可操作性分析（HAZOP）。

9. 对于发生以下情况之一的，企业应及时组织进行相关专业的隐患排查：

（1）颁布实施有关新的法律法规、标准规范或原有适用法律法规、标准规范重新修订的；

（2）组织机构和人员发生重大调整的；

（3）装置工艺、设备、电气、仪表、公用工程或操作参数发生重大改变的，应按变更管理要求进行风险评估；

（4）外部安全生产环境发生重大变化的；

（5）发生事故或对事故、事件有新的认识的；

（6）气候条件发生大的变化或预报可能发生重大自然灾害。

以上讲了事故隐患的排查频次，那具体要查的事故隐患包括哪些方面的内容呢？

单工
（省安全科技咨询公司高工）

第四节　隐患排查哪些内容

根据《导则》和国家安监总局《化工（危险化学品）企业安全检查重点指导目录》的通知（安监总管三〈2015〉113号）精神，结合各危险化学品企业的情况和特点，隐患排查的内容至少应包括以下各项。

一、在安全管理方面

1. 企业安全生产行政许可手续是否齐全？是否在有效期内？

2. 企业主要负责人、分管负责人的安全生产职责是否依法明确？是否依法履行了安全生产职责？

3. 企业应设置安全生产管理机构并配备专职的安全生产管理人员。企业有否做到？

4. 培训与教育情况。企业主要负责人、安全负责人及其他安全生产管理人员是否按规定已经过培训并考核合格，持证上岗？

5. 企业应对从业人员进行安全生产教育培训。有否未经安全生产教育和技能培训合格的从业人员在上岗作业?

6. 从业人员是否有对本岗位所涉及的危险化学品危险特性不熟悉的?

7. 特种作业人员是否按国家有关规定经专门的安全作业培训机构培训并取得相应资格上岗作业?

8. 企业是否存在选用不符合资质的承包商或对承包商的安全生产工作未进行统一协调、管理的情况?

9. 在易燃易爆场所是否有火种带入?作业人员是否存在脱岗、睡岗、酒后上岗的行为?

10. 是否已建立各项安全生产管理制度?是否严格执行了这些制度?

11. 是否按规定制定操作规程和工艺控制指标?

12. 危险化学品生产、经营等有关企业是否向用户提供化学品安全技术说明书?是否在包装(包括外包装件)上粘贴、拴挂、喷印化学品安全标签?

13. 是否对重大危险源的安全生产状况进行定期检查?并采取措施消除事故隐患?

14. 在有较大危险因素的生产经营场所和有关设施、设备上是否已设置明显的安全警示标志?

15. 对企业的安全投入保障情况、为职工的工伤保险、安全生产责任险是否按国家规定办理？

16. 对企业开展风险评价、隐患排查治理情况的检查。包括法律法规和标准的识别和获取情况；定期和及时对作业活动和生产设施运行风险评价情况，风险评价结果的落实、宣传情况；企业隐患排查治理制度是否能满足安全生产需要？

17. 对危险作业的管理情况检查。如动火作业、进入受限空间作业、破土作业、临时用电作业、高处作业、吊装作业、盲板抽堵作业和检维作业等危险性作业前的危险有害因素识别、许可管理与过程监督情况；从业人员劳动防护用品和器具的配置、佩带与使用情况是否符合要求？

18. 对危险化学品事故的应急管理情况是否符合要求？

二、区域位置和总图布置

1. 危险化学品生产装置和重大危险源与《危险化学品安全管理条例》中规定的重要场所的安全距离是否符合？

2. 企业的生产、经营、储存、使用危险化学品的车间、仓库与员工宿舍是否在同一座建筑内？如不在同一座建筑内，那么与员工宿舍的距离是否符合安全要求？

3. 对可能造成水域环境污染的危险化学品危险源的防范情况如何？

4. 对企业周边与作业过程中存在的易由自然灾害引发事故灾难的危险点排查，防范和治理情况如何？

5. 企业内部重要设施的平面布置以及安全距离是否符合要求？包括：控制室、变配电所、化验室、办公室、机柜间以及人员密集区或场所；控制室或机柜间面向具有火灾、爆炸危险性装置一侧是否有门窗？消防站及消防泵房；空分装置、空压站、点火源（包括火炬）；危险化学品生产与储存设施等；其他重要设施及场所。检查厂房、库房等建构筑物的耐火极限是否符合规范要求？

6. 其他总图布置情况检查。如建构筑物的安全通道；厂区道路、消防道路、安全疏散通道和应急通道等重要道路（通道）的设计、建设与维护情况；危险化学品厂际输送管道是否存在违章占压、安全距离不足和违规交叉穿越的问题？安全警示标志的设置情况；以及其他与总图相关的安全隐患情况？

三、工艺管理

1. 企业在运转的化工装置是否经有资质的设计单位正规设计？如未经正规设计，又是否经有资质的设计单位进行过安全设计诊断？

2. 新开发的危险化学品生产工艺是否经逐级放大试验到

工业化生产的？首次使用的化工工艺是否已经省级人民政府有关部门组织的安全可靠性论证？

3. 工艺技术及工艺装置的安全控制。在生产、储存装置及设施中是否設置对可能引起火灾、爆炸等严重事故的部位超温、超压、超液位等的检测仪表、声和/或光报警、泄压设施和安全联锁装置等设施？以及针对温度、压力、流量、液位等工艺参数设计的安全泄压系统以及安全泄压措施的完好性；危险物料的泄压排放或放空的安全性；按照重点监管的危险化工工艺目录、安全控制要求、重点监控参数及推荐的控制方案的要求进行危险化工工艺的安全控制情况；火炬系统的安全性；其他工艺技术及工艺装置的安全控制方面的隐患还有哪些？

4. 在厂房、围堤、窨井等场所内是否设置了有毒有害气体的排放口？且又未采取有效防范措施？

5. 在涉及到液化烃、液氨、液氯、硫化氢等易燃易爆及有毒介质的安全阀及其他泄放设施是否是直排大气的？对环氧乙烷，应在安全阀前设爆破片，爆破片入口管道应设氮封，且安全阀出口管道应充氮。这些要求有否做到？

6. 对液化烃、液氨、液氯、硫化氢等易燃易爆、有毒有害液化气体的充装是否采用万向节管道充装系统？

7. 对光气、氯气（液氯）等剧毒化学品管道是否有穿

（跨）越公共区域的？

8. 在进行动火作业、进入受限空间作业、高处作业、吊装作业、临时用电作业、动土作业、盲板抽堵作业、检维修作业等危险作业前是否办理安全作业证手续？

9. 在动火作业前有否按规定进行可燃气体分析？在进入受限空间作业前有否按规定进行可燃气体、氧含量和有毒气体的分析？在作业过程中是否有人监护？

10. 工艺的安全管理。包括：工艺安全信息的管理；工艺风险分析制度的建立和执行；操作规程的编制、审查、使用与控制；工艺安全培训程序、内容、频次及记录的管理是否符合规定、要求？

11. 现场工艺安全状况。包括：工艺卡片的管理，工艺卡片的建立和变更，以及工艺指标的现场控制；现场联锁的管理，包括联锁管理制度及现场联锁投用、摘除与恢复；工艺操作记录及交班情况；剧毒品部位的巡检、取样、操作与维修的现场管理。

四、设备管理

1. 设备管理制度与管理体系的建立与执行情况怎样？包括：是否按照国家相关法律规定修订本企业的设备管理制

度？是否有健全的设备管理体系？设备管理人员是否按要求配备？是否建立健全安全设施管理制度及台账？对安全设备的安装、使用、检测、维修、改造和报废是否符合国家标准或行业标准？是否仍在使用国家明令淘汰的危及生产安全的工艺、设备？

2. 设备现场的安全运行状况怎样？包括：大型机组、机泵、锅炉、加热炉等关键设备装置的联锁自保护及安全附件的设置、投用与完好状况；大型机组关键设备特级维护到位，备用设备处于完好备用状态；转动机器的润滑状况，设备润滑的“五定”、“三级过滤”；设备状态监测和故障诊断情况；设备的腐蚀防护状况，包括重点装置设备腐蚀的状况、设备腐蚀部位、工艺防腐措施，材料防腐措施等。

3. 在用装置（设施）的安全阀或泄压排放系统是否在正常使用？

4. 特种设备（包括压力容器及压力管道）的现场管理情况怎样？包括：特种设备（包括压力容器、压力管道）的管理制度及台账；特种设备注册登记及定期检测检验情况；特种设备安全附件的管理维护等。

5. 对浮顶储罐在运行中是否存在浮盘落底？

6. 对安全设备的安装、使用、检测、维修、改造和报废是否符合国家标准或行业标准？是否仍在使用国家明令淘汰的危及生产安全的工艺、设备？

7. 对油气储罐安全检查是否按规定已达到以下要求？

（1）液化烃的储罐应设液位计、温度计、压力表、安全阀，以及高液位报警和高高液位自动联锁切断进料措施；全冷冻式液化烃储罐还应设真空泄放设施和高、低温度检测，并应与自动控制系统相联；

（2）气柜应设上、下限位报警装置，并设进出管道自动联锁切断装置；

（3）液化石油气球形储罐液相进出口应设置紧急切断阀，其位置宜靠近球形储罐；

（4）丙烯、丙烷、混合C_4、抽余C_4及液化石油气的球形储罐应设置注水措施。

五、电气系统

1. 电气系统的安全管理情况怎么样？主要包括：电气特种作业人员资格管理；电气安全相关管理制度、规程的制定及执行情况。

2. 供配电系统、电气设备及电气安全设施的设置情况怎样？包括：用电设备的电力负荷等级与供电系统的匹配性；消防泵、装置、关键机组等特别重要负荷的供电；重要场所事故应急照明；电缆、变配电相关设施的防火防爆；爆炸危险区域内的防爆电气设备选型及安装；建构筑物、工艺装置、作业场所等的防雷防静电。

3. 检查电气设施、供配电线路及临时用电的现场安全状况如何？

4. 涉及放热反应的危险化工工艺生产装置是否已设置双重电源供电？或控制系统是否已设置不间断的电源（UPS）？

六、仪表系统

1. 检查仪表的综合管理情况怎样？具体内容有：与仪表相关的管理制度建立和执行情况；仪表系统的档案资料、台账管理；仪表调试、维护、检测、变更等记录；安全仪表系统的投用、摘除及变更管理等。

2. 检查系统配置情况如何？包括：基本过程控制系统和安全仪表系统的设置满足安全稳定生产需要；现场检测仪表和执行元件的选型、安装情况；仪表供电、供气、接地与防护情况。

3. 可燃气体和有毒气体检测报警器的选型、布点及安装位置是否合理？是否已按照标准设置、使用和定期检测校验？

能否满足爆炸环境要求？有毒有害环境要求？是否存在报警信号未发送至有操作人员常驻的控制室、现场操作室进行报警？

4. 检查现场各类仪表的完好和有效性如何？检验维护情况，包括：对仪表进行定期检定或校准；现场仪表位号标识是否清晰等。

5. 仪表及控制系统的运行状况是否稳定可靠？能否满足危险化学品生产需求？对涉及危险化工工艺、重点监管危险化学品的装置是否已设置自动化控制系统？对涉及危险化工工艺的大型化工装置是否已设置紧急停车系统？

6. 是否存在安全联锁未正常投用或未经审批摘除以及经审批后临时摘除已超过一个月未恢复使用的？

7. 是否存在工艺或安全仪表报警时作业人员未及时处置的情况？

8. 是否存在有毒气体的区域未配备便携式检测仪、空气呼吸器等器材的情况？是否存在不会正确佩戴、使用个体防护用品和应急救援器材的情况？

七、危险化学品管理

1. 检查危险化学品分类、登记与档案的管理情况怎样？如：按照标准对产品、所有中间品进行危险性鉴别与分类，分类结果汇入危险化学品档案；按相关要求建立健全危险化学品档案；按照国家有关规定对危险化学品进行登记。

2. 对化学品安全信息的编制、宣传、培训和应急管理的情况怎样？包括：危险化学品安全技术说明书和安全标签的管理；危险化学品“一书一签”制度的执行情况；24小时应急咨询服务或应急处理；危险化学品相关安全信息的宣传与培训。

八、储运系统

1. 要检查储运系统的安全管理情况如何？如：储罐区、可燃液体、液化烃的装卸设施、危险化学品仓库储存管理制度以及操作、使用和维护规程制定及执行情况；储罐的日常和检维修管理。

2. 企业里的危险化学品是否按照标准进行分区、分类、分库存放？是否存在超量、超品种以及相互禁忌物质混放混存的？剧毒化学品是否单独存放在专用仓库内？并实行“五双”管理？

3. 检查储运系统的安全设计情况怎样？包括：易燃、可燃液体及可燃气体的罐区，如罐组总容、罐组布置；防火堤及隔堤；消防道路、排水系统等；重大危险源罐区现场的安全监控装备是否符合有关法规、标准的要求？天然气凝液、液化石油气球罐或其他危险化学品压力或半冷冻低温储罐的安全控制及应急措施是否到位？可燃液体、液化烃和危险化学品的装卸设施；危险化学品仓库的安全储存情况？

4. 检查储运系统罐区、储罐本体及其安全附件的情况怎样？

5. 检查铁路装卸区、汽车装卸区等处的配套设施和安全设施情况怎样？

6. 在脱水、装卸、倒罐作业时，作业人员是否有离开现场或油气罐区在同一防火堤内切水和动火作业同时进行？

九、消防系统

1. 应检查建设项目消防设施验收情况怎样？如：企业消防安全机构、人员设置与制度的制定，消防人员培训、消防应急预案及相关制度的执行情况；消防系统运行检测情况。

2. 检查消防设施与器材的设置情况如何？包括：消防站设置情况，消防车、消防人员、移动式消防设备、通讯设备等；消防水系统与泡沫系统，消防水源、消防泵、泡沫液储罐、消防给水管道、消防管网的分区阀门、消火栓、泡沫栓、消防水炮、泡沫炮、固定式消防水喷淋等；油罐区、液化烃罐区、危险化学品罐区、装置区等设置的固定式和半固定式灭火系统；甲、乙类装置、罐区、控制室、配电室等重要场所的火灾报警系统；生产区、工艺装置区、建构筑物的灭火器材配置；其他消防器材等设置情况如何？

3. 检查固定式与移动式消防设施、器材和消防道路的现场状况怎样？

十、公用工程系统

1. 检查给排水、循环水系统、污水处理系统的设置与能力能否满足各种状态下的需求？

2. 检查供热站及供热管道设备设施、安全设施是否存在隐患？

3. 如企业有空分装置、空压站时，对这些装置或站点的位置设置是否合理？设备、设施是否存在安全隐患？需要检查。

单工
（省安全科技咨询公司高工）

通过以上排查，查出来的事故隐患应该怎么来治理呢？这就是下节要讨论的问题。

第五节　事故隐患怎么治理

一、隐患级别

事故隐患可按照整改难易程度及可造成的后果严重性，分为一般事故隐患和重大事故隐患。

1. 一般事故隐患——指能够及时整改，不足以造成人员伤亡、财产损失的隐患。对于一般事故隐患，可按照隐患治理的负责单位，分为班组级、基层车间级、基层单位（厂）级直至企业级。

2. 重大事故隐患——指无法立即整改且可能造成人员伤亡、较大财产损失的隐患。

二、隐患治理

1. 企业应对排查出的各级隐患，做到“五定”（定整改方案、定资金来源、定项目负责人、定整改期限、定控制措施），并将整改落实情况纳入日常管理进行监督，及时协调在隐患整改中存在的资金、技术、物资采购、施工等各方面问题。

2. 对一般事故隐患，可由企业［基层车间、基层单位（厂）］负责人或者有关人员立即组织整改。

3. 对于重大事故隐患，企业要结合自身的生产经营实际情况，确定风险可接受标准，评估隐患的风险等级后再进行治理。对重大事故隐患的治理一般可按以下情况处置。

（1）当风险处于很高风险区域时，应立即采取充分的风险控制措施，防止事故发生，同时编制重大事故隐患治理方案，尽快进行隐患治理，必要时立即停产治理。

（2）当风险处于一般高风险区域时，企业应采取充分的风险控制措施，防止事故发生，并编制重大事故隐患治理方案，选择合适的时机进行隐患治理。

（3）对于处于中风险的重大事故隐患，应根据企业实际情况，进行成本－效益分析，编制重大事故隐患治理方案，选择合适时机进行隐患治理，尽可能将其降低到最低风险。

4. 对于重大事故隐患，由企业主要负责人组织制定并实施事故隐患治理方案。该方案中应包括：治理的目标和任务；采取的方法和措施；经费和物资的落实；负责治理的机构和人员；治理的时限和要求；防止整改期间发生事故的安全措施。

5. 事故隐患治理情况的建档工作。应将事故隐患治理方案、整改完成情况、验收报告等及时归入事故隐患档案。将隐患名称、隐患内容、隐患编号、隐患所在单位、专业分类、归属职能部门、评估等级、整改期限、治理方案、整改完成情况、验收报告等一并归档。事故隐患排查、治理过程中形成的传真、会议纪要、正式文件等也应归入档案中。

6. 企业应定期通过“隐患排查治理信息系统”向属地安监管理部门和有关部门上报事故隐患的排查和治理情况。对于重大事故隐患的报告，其内容应有：隐患现场及产生原因；隐患的危害程度和整改难易程度分析；隐患的治理方案。

7. 生产经营单位在事故隐患治理过程中，应采取相应的安全防范措施，防止事故发生。在事故隐患排除前或在排除过程中无法保证安全的，应当从危险区域内撤出作业人员，并疏散可能危及的其他人员。在排除过程中应设置警戒标志，暂时停产停业或停止使用。对暂时难以停产、停业或停止使用的相关生产、储存装置、设施、设备，应当加强维护和保养，防止发生事故。

第二章

危险化学品重大危险源

重大或特别重大事故的发生尽管起因和后果不完全相同，但它们的共同特征是造成大量人员伤亡或大量的财产损失或严重的环境破坏，或兼而有之。事实表明，造成这些事故除了与危险化学品的特性有关外还与其数量有较大关系，数量越大其事故后果也越严重。为了预防重大或特别重大事故的发生，尽量降低危险化学品事故所造成的人员伤亡，财产损失或环境破坏，国家建立了危险化学品重大危险源辨识技术标准和监控要求，供各有关部门，单位使用。

林秘书长
（省安全生产
学会）

今天我们到省里一家有仓储的化工贸易公司来提供技术咨询服务。因这个月是全国安全生产月，本学会也有这个义务。这家化工贸易公司的仓库、储罐里储存的易燃液体、有毒化学品、氧化剂等危险化学品不但品种多而且储存数量也多。是一家已构成危险化学品重大危险源的单位。也是我地区为数不多的危险性较大的单位之一。自从2015年8月12日天津港发生危险化学品特别重大事故后，更要举一反三对已构成危险化学品重大危险源的单位要重点检查和帮助，今天我们特意邀请多名从事危险化学品安全工作的专家来这里提供技术咨询服务。公司有什么需求可提出来与专家们一起商讨。

刚才秘书长讲我公司储存的危险化学品已构成重大危险源了，不知道构成重大危险源的依据是什么？
小吴
（某化工企业职工）

第一节　什么叫危险化学品重大危险源

它指的是长期地或临时地生产、加工、使用或储存危险化学品，且危险化学品的数量等于或超过临界量的单元。单元指的是一个（套）生产装置、设施或者场所，或同属一个工厂的且边缘距离小于500米的几个（套）生产装置、设施或场所。

小吴
（某化工企业职工）

从这个定义看我有两个问题要请教：一是危险化学品是否指所有的危险化学品种类？二是什么叫临界量？

对第一个问题，这里讲的危险化学品主要是指易燃、易爆、有毒、有害的危险化学品。如氢氧化钠虽是危险化学品，但它属于危险化学品中的腐蚀品，因为它不属于重大危险源判别的种类对象，故其数量再大也不会构成危险化学品的重大危险源。对第二个问题，重大危险源定义中的临界量，你可以理解为国家标准中对某个危险化学品是否构成重大危险源的规定量，该规定量是人为地按照科学的方法通过推算而确定的数值。如果你公司里储存的某些危险化学品数量已达到或超过该规定数星（即临界量），那么你公司储存的危险化学品就构成重大危险源，反之，即不构成重大危险源。下面就来看一下构成重大危险源的危险化学品品种、临界量及辨识方法。

周工
（市化工设计院教授级高工）

第二节　危险化学品重大危险源的辨识

我国在参考国外有关资料、结合国内工业生产特点以及化学品在燃烧、爆炸、毒害性等特性基础上制定了构成重大危险源的危险化学品及其临界量标准：《危险化学品重大危险源辨识》（GB 18218—2009）。在该标准中根据化学品的不同特性，将危险化学品中的爆炸品、易燃气体、毒性气体、易燃液体、易于自燃的物质、遇水放出易燃气体的物质、氧化性物质、有机过氧化物、毒性物质等列于该标准中。现将其中一些较常见的上述各类危险化学品及其临界量摘录于表2-1。

表2-1　常见危险化学品名称及其临界量

序号	危险化学品	临界量/吨
1	硝化甘油	1
2	硝化纤维素	10
3	硝酸铵（含可燃物>0.2%）	5
4	二甲醚	50
5	甲烷，天然气	50
6	氯乙烯	50
7	氢	5

续表

序号	危险化学品	临界量/吨
8	液化石油气（含丙烷，丁烷及其混合物）	50
9	一甲胺	5
10	乙炔	1
11	乙烯	50
12	氨	10
13	二氧化氮	1
14	二氧化硫	20
15	光气	0.3
16	环氧乙烷	10
17	甲醛（含量>90%）	5
18	硫化氢	5
19	氯化氢	20
20	氯	5
21	煤气（CO，CO和H_2，CH_4的混合物等）	20
22	苯	50
23	苯乙烯	500
24	丙酮	500
25	二硫化碳	50
26	环氧丙烷	10
27	甲苯	500
28	甲醇	500
29	汽油	200

续表

序号	危险化学品	临界量/吨
30	乙醇	500
31	乙醚	10
32	乙酸乙酯	500
33	黄磷	50
34	电石	100
35	钾	1
36	钠	10
37	发烟硫酸	100
38	过氧化钠	20
39	氯酸钾	100
40	氯酸钠	100
41	硝酸（发红烟的）	20
42	硝酸（发红烟的除外，含硝酸>70%）	100
43	硝酸铵（含可燃物≤0.2%）	300
44	硝酸铵基化肥	1000
45	过氧乙酸（含量≥60%）	10
46	氟化氢	1
47	甲苯二异氰酸酯	100
48	氰化氢	1
49	三氧化硫	75
50	溴	20

注：其他危险化学品的名称及临界量可查阅《危险化学品重大危险源辨识》（GB 18218—2009）。

当某仓库只储存一种危险化学品时或储存多种危险化学品时，如何来判别该仓库是否构成重大危险源？能否举例说明？

小吴
（某化工企业职工）

当仓库里只储存一种危险化学品时，只要看其数量是否达到或超过临界量，如果是，则该仓库已构成重大危险源。当仓库里储存多种危险化学品时，可以看看每种危险化学品数量与其临界量之比的和是否等于或大于1？如果是，则该仓库已构成重大危险源。

周工
（市化工设计院教授级高工）

下面通过两个实例来说明。

例一：某化工企业1号危化品库是液氯库，存放液氯净重量（扣除钢瓶重量后）为6吨，试问该库是否构成重大危险源？

答：从表2-1知，氯的临界量为5吨，现仓库内实际存放量已超过氯的临界量，故该库已构成重大危险源。

例二：某化工企业3号危化品库内储存苯10吨，环氧丙烷4吨，甲苯100吨，试问该库是否已构成重大危险源？

答：查表2-1知，苯、环氧丙烷、甲苯的临界量分别为50吨、10吨、500吨，根据一个单元内有多种危险化学品时，以每种危险化学品数量与其临界量之比的和等于或大于1来判别。这三种危险化学品的数量与其临界量之比的和为：

$$10/50+4/10+100/500=0.2+0.4+0.2=0.8$$

因为小于1，说明该库未构成重大危险源。

周老师，危险化学品重大危险源是否分级？分几级？不同级别的重大危险源其危险性有什么不同？其级别是怎样划分的？
小吴
（某化工企业职工）

危险化学品重大危险源分四级。其危险性是一级>二级，二级>三级，余类推。其分级方法如下。
周工
（市化工设计院教授级高工）

第三节　危险化学品重大危险源的分级

危险化学品重大危险源按危险程度分为四级。可通过以下各步骤计算得到。

一、分级指标的计算

按单元内各种危险化学品实际存在量与其在《危险化学品重大危险源辨识》（GB 18218）中规定的临界量比值，经校正系数校正后的比值之和R作为分级指标。

$$R=\alpha\left(\beta_1 q_1/Q_1+\beta_2 q_2/Q_2+\cdots+\beta_n q_n/Q_n\right)$$

式中　q_1，q_2，…，q_n——每种危险化学品实际存在量，吨；

Q_1，Q_2，…，Q_n——与各危险化学品相对应的临界量，吨；

β_1，β_2，…，β_n——与各危险化学品相对应的校正系数；

α——该危险化学品重大危险源厂区外暴露人员的校正系数。

二、校正系数β的取值

根据单元内危险化学品的类别不同，可按表2-2和表2-3来确定校正系数β值。

表2-2　校正系数β取值表

危险化学品类别	毒性气体	爆炸品	易燃气体	其他类危险化学品
β	见表2-3	2	1.5	1

注：危险化学品类别依据《危险货物品名表》中分类标准确定。

表2-3　常见毒性气体校正系数β值取值表

毒性气体名称	一氧化碳	二氧化硫	氨	环氧乙烷	氯化氢	溴甲烷	氯
β	2	2	2	2	3	3	4
毒性气体名称	硫化氢	氟化氢	二氧化氮	氰化氢	碳酰氯	磷化氢	异氰酸甲酯
β	5	5	10	10	20	20	20

注：未在表中列出的有毒气体可按β=2取值，剧毒气体可按β=4取值。

三、校正系数α的取值

根据重大危险源的厂区边界向外扩展500米范围内常住人口数量，可确定厂外暴露人员校正系数α值，见表2-4。

表2-4　校正系数α取值表

厂外可能暴露人员数量	α
100人以上	2.0
50人—99人	1.5
30人—49人	1.2
1人—29人	1.0
0人	0.5

四、分级标准

根据计算出来的R值，按表2-5确定危险化学品重大危险源的级别。

表2-5　危险化学品重大危险源级别和R值的对应关系

危险化学品重大危险源级别	R值
一级	$R \geqslant 100$
二级	$100>R \geqslant 50$
三级	$50>R \geqslant 10$
四级	$R<10$

重大危险源的危险级别所对应的可能发生的最严重的事故后果将分别为：

（1）一级重大危险源：可能造成特别重大事故（死亡人数大于等于30人或重伤50人以上或直接经济损失1000万元以上的）。

（2）二级重大危险源：可能造成特大事故（死亡人数10至29人或重伤30至49人或直接经济损失500至1000万元的）。

（3）三级重大危险源：可能造成重大事故（死亡人数3至9人或重伤10至29人或直接经济损失100至500万元的）。

（4）四级重大危险源：可能造成一般事故（死亡人数1至2人或重伤3至9人或直接经济损失100万元以下的）。

周工
（市化工设计院教授级高工）

企业的生产装置、设施、场所等如构成重大危险源后，企业有责任按重大危险源的要求进行严格管理，主要要求见下面第四节。

第四节　危险化学品重大危险源的管理

根据国家有关法律、法规、规章要求，企业应对本单位的重大危险源实施管理。其基本职责和要求为：

（1）企业是本单位重大危险源管理的责任主体。企业法人是重大危险源申报和管理的第一责任人。

（2）企业应按照危险化学品重大危险源辨识标准（GB 18218）对本单位的生产、经营、储存、使用的装置、设施、场所进行重大危险源辨识，如确认为重大危险源的，应进行安全评估、分级、登记、建档、落实检测、监控以及向所在地县级人民政府安全生产监督管理部门申报、登记、备案等工作。

（3）企业应建立重大危险源的各项安全管理规章制度，建立以责任制为核心的从上到下的各级安全责任制。

（4）重大危险源的安全评估每三年进行一次，该评估也可在进行安全评价时一并委托有资质的单位一起进行。

（5）构成重大危险源的装置、设施、场所应根据需要配备温度、压力、液位、流量、组分浓度等参数的检测和可燃气体、有毒有害气体泄漏报警装置，并应具备工艺参数远传、记录、事故预警、信息储存等功能。

（6）对重大危险源的化工装置应有满足安全生产要求的自控仪表系统。对于一级或二级重大危险源的，应设置紧急停车系统。对构成重大危险源的毒性气体、剧毒液体和易燃气体等的重点装置、设施，应有紧急切断措施。对毒性气体应设置泄漏物的紧急处理设施。对于毒性气体、液化气体、剧毒液体的一级或二级重大危险源，应配置独立的安全仪表系统。

（7）对重大危险源中储存剧毒化学品的场所（设施），应有视频监控系统，并与有关部门联网。

（8）对有吸入性有毒、有害气体的重大危险源，企业应配备便携式气体浓度检测仪以及空气呼吸器、化学防护服、堵漏器材等应急物资。对剧毒气体的重大危险源场所，应配备两套或以上的气密性化学防护服。对易燃易爆气体或易燃液体蒸气的重大危险源，应配备一定数量的便携式气体浓度检测仪。

（9）企业应在重大危险源场所设置明显的安全警示标志，并在标志处告知作业人员在紧急情况下应采取哪些应急处置方法。

（10）重大危险源应定期检查与经常性地巡检相结合，随时掌握重大危险源的动态变化。对重大危险源的关键装置、重点部位和安全设施、安全检测、监控设施还必须定期进行校验、检验。加强对上述装置、设施的维护、保养，及时消除隐患，确保上述装置和设施能有效、可靠地运行。

（11）企业如在安全检查中发现重大危险源有事故隐患时，企业应立即排除。如在排除前或排除过程中考虑到安全无法确保时，企业应停产、停业或停止使用，将作业人员从危险区域撤出。并将事故隐患情况及时向当地人民政府安全监督管理部门和负有安全生产监督管理的其他有关部门报告。只有在事故隐患完全排除后才能恢复生产、经营或使用。

（12）企业应组织重大危险源岗位的操作及管理人员进行安全培训教育，使作业人员通过技能培训及时掌握重大危险源的分布、存在的危险性，掌握本岗位的日常安全操作技能和应急处置技能。

（13）企业应对重大危险源编制事故应急救援预案，配足必需的应急救援器材和装备。同时应编制重大危险源应急救援预案的演练计划，其中对该预案中的专项应急预案每年至少演练一次，对现场处置方案至少每半年演练一次。

（14）企业应对重大危险源的生产工艺、在线数量、设备及相关标准等有变化时应及时对其进行危险性评估，按变更管理要求进行变更，并及时向有关部门报告。当重大危险源经安全评估或安全评价认为已不再构成重大危险源时，企业应及时向所在地人民政府安全监督管理部门申请核销。

第三章

生产经营单位生产安全的应急管理

林秘书长（省安全生产学会）

我省生产涂料的企业较多，几乎每个县市都有，多数是复配型小厂，向外购买树脂、稀释剂和助剂调配混合而成。今天我们来到一家生产涂料的会员单位进行安全检查并提供技术服务。企业有什么要求也可以提出来一起座谈。

我公司主要生产醇酸油漆，丙烯酸油漆，有时根据市场订单也少量生产一些氨基油漆，这些油性漆生产工艺都比较简单，主要是通过配料、搅拌混合、研磨、过滤等物理过程完成。现在公司正在开展安全标准化达标建设工作，现将我公司建立相关的十几本台账都拿来，请各位专家一并检查指导。

樊总（某涂料公司总经理）

刚才我到车间、仓库、溶剂储罐区去参观了一下，总体感觉贵公司的总平面布置，设备、工艺基本符合法规、规范、标准。因为是新建企业，委托了有资质的单位进行正规设计、施工、安装。投产前安全设施也通过了专家的竣工验收，并取得了安全生产许可证。从安全标准化达标建设的台账来看，尚有一些不足。如贵公司编制的《生产经营单位安全生产事故应急预案》是依据2006年出台的行业标准：AQ/T 9002—2006编制的。其实七年后的2013年已出台了国家标准《生产经营单位生产安全事故应急预案编制导则》（GB/T 29639—2013）。贵公司宜按此编制。该标准我今天正好带来，可以向你们介绍一下。

陈工（省安全科技咨询公司高工）

第一节　应急预案的基本概念

1. 什么叫应急预案

为有效预防和控制可能发生的事故，最大程度减少事故及其造成损害而预先制定的工作方案。

2. 什么叫应急准备

针对可能发生的事故，为迅速、科学、有序地开展应急行动而预先进行思想准备、组织准备和物资准备。

3. 什么叫应急响应

针对发生的事故，有关组织或人员采取的应急行动。

4. 什么叫应急救援

在应急响应过程中，为最大限度地降低事故造成的损失或危害，防止事故扩大而采取的紧急措施或行动。

5. 什么叫应急演练

针对可能发生的事故情景，依据应急预案而模拟开展的应急行动。

第二节　生产经营单位生产安全事故应急预案的编制

根据《生产经营单位生产安全事故应急预案编制导则》（GB/T 29639—2013）的规定和要求，预案的主要内容应包括编制程序、体系构成、综合应急预案、专项应急预案，现场处置方案和附件等。

生产经营单位应根据本单位组织管理体系，生产规模、危险源的性质以及可能发生的事故类型来确定应急预案是由综合应急预案、专项应急预案、现场处置方案三部分构成，还是由综合应急预案、现场处置方案两部分构成？对风险因素单一的小微型生产经营单位可选择后者。

一、综合应急预案

该预案是生产经营单位应急预案体系的总纲，主要从总体上阐述事故的应急工作原则，包括生产经营单位的应急组织机构及职责，应急预案体系，事故风险描述、预警及信息报告、应急响应、保障措施、应急预案管理等。该预案的主要内容如下。

1. 总则

（1）编制目的　简述编制本预案的目的。

（2）编制依据　简述编制本预案所依据的法律、法规、规章、标准和规范文件以及相关应急预案资料等。

（3）适用范围　说明本预案适用的工作范围、事故类型、级别。

（4）应急预案体系　说明本单位应急预案体系的构成情况，可用框图形式表述。

（5）应急工作原则　说明本单位应急工作的原则，内容应简明扼要，明确具体。

2. 事故风险描述

简述单位存在或可能发生的事故风险种类、发生的可能性以及严重程度及影响范围等。

3. 应急组织机构及职责

明确本单位的应急组织形式及组成单位或人员，可用结构图的形式表示，明确构成部门的职责。应急组织机构根据事故类型和应急工作需要，可设置相应的应急工作小组，并明确各小组的工作任务及职责。

4. 预警及信息报告

（1）预警　根据单位监测监控系统数据变化状况、事故险情紧急程度和发展势态或有关部门提供的预警信息进行预警，明确预警的条件、方式、方法和信息发布的程序。

（2）信息报告　由以下三部分组成：

① 信息接收与通报　明确24小时应急值守电话、事故信息接收、通报程序和责任人；

② 信息上报　明确事故发生后向上级主管部门、上级单位报告事故信息和流程、内容、时限和责任人；

③ 信息传递　明确事故发生后向本单位以外的有关部门或单位通报事故信息的方法、程序和责任人。

5. 应急响应

（1）响应分级　针对事故危害程度，影响范围和本单位控制事态的能力，对事故应急响应进行分级，明确分级响应的基本原则。

（2）响应程序　根据事故级别和发展态势，描述应急指挥机构启动、应急资源调配、应急救援、扩大应急等响应程序。

（3）处置措施　针对可能发生的事故风险、事故危害程度和影响范围，制定相应的应急处置措施，明确处置原则和具体要求。

（4）应急结束　明确现场应急响应结束的基本条件和要求。

6. 信息公开

明确向有关新闻媒体、社会公众通报事故信息的部门、负责人和程序以及通报原则。

7. 后期处置

主要明确污染物处理、生产秩序恢复、医疗救治、人员安置、善后赔偿、应急救援评估等内容。

8. 保障措施

（1）通信与信息保障　明确可为单位提供应急保障的相关单位及人员通信联系方式和方法，并提供备用方案。同时建立信息通讯系统及维护方案，确保应急期间信息通畅。

（2）应急队伍保障　明确应急响应的人力资源，包括应急专家、专业应急队伍、兼职应急队伍等。

（3）物资装备保障　明确单位的应急物资和装备的类型、数量、性能、存放位置、运输及使用条件、管理责任人及其联系方式等内容。

（4）其他保障　根据应急工作需求而确定的其他相关保障措施（如：经费保障、交通运输保障、治安保障、技术保障、医疗保障、后勤保障等）。

9. 应急预案管理

（1）应急预案培训　明确对单位人员开展的应急预案培训

计划、方式要求，使有关人员了解相关应急预案内容，熟悉应急职责、应急程序和现场处置方案，如果应急预案涉及到社区和居民，要做好宣传教育和告知等工作。

（2）应急预案演练　明确单位不同类型应急预案演练的形式、范围、频次、内容以及演练评估、总结等要求。

（3）应急预案修订　明确应急预案修订的基本要求，并定期进行评审，实现可持续改进。

（4）应急预案备案　明确应急预案报备部门，并进行备案。

（5）应急预案实施　明确应急预案实施的具体时间、负责制定与解释的部门。

二、专项应急预案

该预案是单位为应对某一类型或某几种类型事故，或者针对重要生产设施、重大危险源、重大活动等内容而制定的应急预案。该预案主要包括事故风险分析、应急指挥机构及职责、处置程序和措施等内容。

1. 事故风险分析

针对可能发生的事故风险，分析事故发生的可能性以及严重程度，影响范围等。

2. 应急指挥机构及职责

根据事故类型，明确应急指挥机构总指挥、副总指挥以及各成员单位或人员的具体职责。应急指挥机构可以设置相应的应急救援工作小组，明确各小组的工作任务及主要负责人职责。

3. 处置程序

明确事故及事故险情信息报告程序和内容，报告方式和责任人等内容。根据事故响应级别，具体描述事故接警报告和记录、应急指挥机构启动、应急指挥、资源调配、应急救援、扩大应急等应急响应程序。

4. 处置措施

针对可能发生的事故风险，事故危害程度和影响范围，制定相应的应急处置措施，明确处置原则和具体要求。

三、现场处置方案

该方案是单位根据不同事故类别，针对具体的场所，装置或设施所制定的应急处置措施。主要包括事故风险分析、应急工作职责、应急处置和注意事项等内容。单位应根据风险评估，岗位操作规程以及危险性控制措施，组织本单位现场作业人员及安全管理等专业人员共同编制本方案。

1. 事故风险分析

主要包括：

（1）事故类型；

（2）事故发生的区域、地点或装置的名称；

（3）事故发生的可能时间、事故的危害严重程度及其影响范围；

（4）事故前可能出现的征兆；

（5）事故可能引发的次生、衍生事故。

2. 应急工作职责

根据现场工作岗位、组织形式及人员构成，明确各岗位人员的应急工作分工和职责。

3. 应急处置

主要包括：

（1）事故应急处置程序。根据可能发生的事故及现场情况，明确事故报警、各项应急措施启动、应急救护人员的引导、事故扩大及同单位应急预案的衔接的程序。

（2）现场应急处置措施。针对可能发生的火灾、爆炸、危险化学品泄漏、坍塌、水患、机动车辆伤害等，从人员救护、工艺操作、事故控制、消防、现场恢复等方面制定明确的应急处置措施。

（3）明确报警负责人以及报警电话及上级管理部门，相关应急救援单位联络方式和联系人员，事故报告基本要求和内容。

4. 注意事项

主要包括：

（1）佩戴个人防护器具方面的注意事项；

（2）使用抢险救援器材方面的注意事项；

（3）采取救援对策或措施方面的注意事项；

（4）现场自救和互救方面的注意事项；

（5）现场应急处置能力确认和人员安全防护等事项：

（6）应急救援结束后的注意事项；

（7）其他需要特别警示的事项。

四、附件

1. 有关应急部门、机构或人员的联系方式

列出应急工作中需要联系的部门、机构或人员的多种联系方式，当发生变化时及时进行更新。

2. 应急物资装备的名单或清单

列出应急预案涉及的主要物资和装备名称、型号、性能、数量、存放地点、运输和使用条件、管理责任人和联系电话等。

3. 规范化格式文本

应急信息接报、处理、上报等规范化格式文本。

4. 关键的路线、标识和图纸

主要包括：

（1）警报系统及覆盖范围；

（2）重要防护目标、危险源一览表、分布图；

（3）应急指挥部位置及救援队伍行动路线；

（4）疏散路线、警戒范围、重要地点等的标识；

（5）相关平面布置图纸、救援力量的分布图纸等。

5. 有关协议或备忘录

列出与相关应急救援部门签订的应急救援协议或备忘录。

应急救援预案编制完成后，企业负责人在颁布前应组织专家进行评审。评审意见应形成书面形式并附评审专家签名的名单，报当地人民政府安全生产监督管理部门备案。且每三年评审一次。

第三节 应急救援物资的配备

危险化学品单位应急救援物资的配备应根据本单位危险化学品品种、数量、危险化学品事故可能造成的危害和危险化学品单位类别等进行配置。

一、对作业场所的配备要求

在危险化学品单位的作业场所，应急救援物资应存放在专用的柜子或特定的地点，作业场所应急救援物资配备的最低要求应符合表3-1。

表3-1　作业场所救援物资配备要求

序号	物资名称	技术要求或功能要求	配备数量	备注
1	正压式空气呼吸器	正压式空气呼吸器技术性能符合GB/T 18664要求	2套	
2	化学防护服	技术性能符合GB/T 6107要求	2套	具有有毒、腐蚀性危险化学品的场所
3	过滤式防毒面具	技术性能符合GB/T 18664要求	1个/人	类型根据有毒有害物质确定，数量根据当班人数确定
4	气体浓度检测仪	检测气体浓度	2台	根据作业场所的气体确定
5	手电筒	易燃易爆场所，防爆	1个/人	根据当班人数确定
6	对讲机	易燃易爆场所，防爆	4台	
7	急救箱或急救包	物资清单见GBZ1	1包	
8	吸附材料或堵漏器材	处理化学品泄漏	*	以工作介质理化性质选择吸附材料，常用吸附材料为干砂土（具有爆炸危险性的除外）

续表

序号	物资名称	技术要求或功能要求	配备数量	备注
9	洗消设施或清洗剂	洗消受污染或可能受污染的人员、设备和器材	*	在工作地点配备
10	应急处置工具箱	工作箱内配备常用工具或专业处置工具	*	防爆场所应配置无火花工具

注：*表示由单位根据实际需要进行配置。

二、企业应急救援队伍的配备要求

企业应急救援队伍中参加应急救援的人员其个人防护装备是有一定要求的，应按表3-2配备。

表3-2　应急救援人员个体防护装备配备要求

序号	名称	主要用途	配备数量	备份比	备注
1	头盔	头部、面部及颈部的安全防护	1顶/人	4：1	
2	二级化学防护服装	化学灾害现场作业时的躯体防护	1套/10人	4：1	①以值勤人员数量确定 ②至少配备2套
3	一级化学防护服装	重度化学灾害现场全身防护	*		
4	灭火防护服	灭火救援作业时的身体防护	1套/人	3：1	指挥员可选配消防指挥服
5	防静电内衣	可燃气体、粉尘、蒸汽等易燃易爆场所作业时的躯体内层防护	1套/人	4：1	

续表

序号	名称	主要用途	配备数量	备份比	备注
6	防化手套	手部及胸部防护	2副/人		应针对有毒有害物质穿透性选择手套材料
7	防化靴	事故现场作业时的脚部和小腿部防护	1双/人	4：1	易燃易爆场所应配备防静电靴
8	安全腰带	登梯作业和逃生自救	1根/人	4：1	
9	正压式空气呼吸器	缺氧或有毒现场作业时的呼吸防护	1只/人	5：1	①以值勤人员数量确定 ②备用气瓶按照正压式空气呼吸器总量1：1备份
10	佩戴式防爆照明灯	单人作业照明	1个/人	5：1	
11	轻型安全绳	救援人员的救生、自救和逃生	1根/5人	4：1	
12	消防腰斧	破拆和自救	1把/人	5：1	

注：1. 备份比是指应急救援人员防护装备配备投入使用数量与备用数量之比。

2. 根据备份比计算的备份数量为非整数时向上取整。

3. 第三类危险化学品单位应急救援人员可使用作业场所配备的个体防护装备，不配备本表中的装备。

4. *表示由单位根据实际需要进行配置，本表不作规定。

企业应急救援队伍除应急救援个人要配备表3-2中的防护装备外，企业还应根据不同的危险化学品类别和要求配备车辆、侦检器材、警戒器材、灭火器材、通信器材、救生物资、破拆器材、堵漏器材、输转物资、洗消物资、排烟照明器材等物资。具体可详见《危险化学品单位应急救援物资配备要求》GB 30077—2013。

陈工
（省安全科技
咨询公司高工）

应急预案编制完成后，企业
应组织演练，通过演练检验应急预案编
制得是否完善？存在哪些问题？以便进一
步修改完善应急救援预案。关于应急预
案的演练部分再补充介绍如下。

第四节　应急救援预案的演练

所谓应急救援预案的演练其实就是把编制好的应急救援预案里写的内容实际操作一遍。应急预案的演练方式有三种：桌面演练、功能演练和全面演练。每种演练的方法和目的随方式不同而异。单位可根据各自不同情况而选择，但演练频次每年不能少于一次。

应急救援预案的演练是应急准备工作中一项很重要的内容，因为通过演练至少可起到以下作用：

1. 对所编制的应急预案在内容上的齐全性、可行性、操作性作一次检验，以及对指挥、应急人员的适应性、应急物资的可用性、技术体系的配合性等相关部门的能力作一次检验；

2. 通过演练可发现应急预案中还存在哪些问题、不足？

以便进一步完善充实该预案；

3. 使参与应急工作的各级人员实地了解应急抢险工作中的流程、方式、方法，从而锻炼应急人员的指挥和实际操作技能；

4. 增加企业广大干部、职工的安全意识，提高安全知识和危机意识水平，从而提高企业各级人员对生产安全的自觉性；

5. 通过演练也是对周边企业、社区居民和参与应急协作单位配合情况的一次检验和培训。

陈工
（省安全科技
咨询公司高工）

企业平时应加强安全生产应急管理，这是一项十分重要的工作。抓好这项工作，企业在发生危险情况时，不至于发生严重的后果。具体怎么抓？重点要抓哪些问题？国家有关部门在汲取了近年来发生的一些生产事故的基础上，总结出了安全生产应急管理的规定（安监总局2015.2.28公布第74号令:《企业安全生产应急管理九条规定》），现将这些规定并结合生产事故案例一并介绍如下。

第五节　企业安全生产的应急管理

1. 必须落实企业主要负责人是安全生产应急管理第一

责任人的应急管理责任制，层层建立安全生产应急管理责任体系。

事故案例：某年1月某省某鞋业有限公司发生火灾事故。经调查，该企业安全生产和应急管理主体责任不落实，应急管理、消防安全等工作无专职人员负责，内部组织管理松散，各项安全生产规章制度得不到有效执行。说明该企业的安全生产应急管理既未落实企业负责人的第一责任人的工作责任制，也未层层建立安全生产应急管理责任体系。这次事故最终造成16人死亡，5人受伤，过火面积约1080平方米的重大生产事故。

2. 必须依法设置安全生产应急管理机构，配备专职或兼职安全生产应急管理人员，建立应急管理工作制度。

事故案例：某年8月某省某金属制品有限公司抛光二车间发生铝粉尘爆炸事故。该公司因安全生产应急管理机构和专职或兼职安全生产应急管理人员不健全、不完善，应急管理规章制度不规范，未建立符合要求的岗位安全操作规程，未建立隐患排查治理制度，也无隐患排查治理台账。最终导致146人死亡（其中49人在事故报告期内死亡）、163人受伤、巨额财产损失的特别重大生产事故。

3. 必须建立专（兼）职应急救援队伍或与邻近专职救援

队签订救援协议，配备必要的应急装备、物资，危险作业必须有专人监护。

事故案例：某年4月某省某煤矿发生一起水害事故。在抢救过程中因当地矿山救援队及物资缺乏，尤其是耐酸潜水泵及高压柔性软管等缺乏。为抢救井下工人，最后由国家安全生产应急救援指挥部协调河南、山西、总参、空军、民航、公安部、交通部等多家单位合力支持，将急需人员及物资抢运到事故地，保证应急抢救工作开展，减少了人员死亡。通过这个案例说明企业应依法建立专（兼）职应急救援队伍、配备必需的应急物资的重要性和必要性。

4. 必须在风险评估的基础上，编制与当地政府及相关部门相衔接的应急预案，重点岗位制定应急处置卡，每年至少组织一次应急演练。

事故案例：某年12月某市某天然气钻探公司在钻探天然气时发生井喷事故。事故发生后因公司没有制定与当地政府及相关部门衔接的应急救援预案，未能及时通知当地政府，使事故应急救援严重滞后，耽误了抢救时间，钻井操作岗位又未建立应急处置卡，在紧急关头操作人员未采取事故应急处置措施，加上平时缺乏与当地民众共同参与的应急演练，因此当天然气井井喷时，随天然气夹带的硫化氢气体在空气中弥漫扩散，导致当地民众243人中毒死亡，9.3万余人受灾，大量民众被迫疏散转移的特别重大事故。

5. 必须开展从业人员岗位应急知识教育和自救互救、避险逃生技能培训，并定期组织考核。

事故案例：某年9月某省某煤矿发生掘进工作面重大透水事故。由于企业对从业人员的应急培训教育不足，缺乏应急救援知识，当现场已出现透水征兆时仍未引起足够重视，未及时停工、撤出作业区、自救互救、避险等应急措施，而是继续留在工作面上作业，最后导致严重的矿难事故。

6. 必须向从业人员告知作业岗位、场所危险因素和险情处置要点，高风险区域和重大危险源必须设立明显标识，并确保逃生通道畅通。

事故案例：某年6月某省某公司主厂房发生火灾爆炸事故。事故系电器短路引发火灾，继而引燃氨气燃爆。该企业因缺乏在作业岗位、高风险区域设置明显的警示标识，也缺乏对场所存在的危险因素和险情处置要点进行告示，在1.7万余平方米的大厂房内有些安全出口又被封闭，而作业工人人数又多，致使燃爆事故发生后因逃生通道不畅最后导致100余人死亡，数十人受伤，巨额财产损失的特别重大事故。

7. 必须落实从业人员在发现直接危及人身安全的紧急情况时停止作业，或在采取可能的应急措施后撤离作业场地的权利。

事故案例：某年3月某省某煤业公司发生瓦斯爆炸事故。事发当时，现场已连续发生过三次瓦斯爆炸，可现场指挥人员不仅没有采取措施撤离人员反而强令其他工人返回危险区域继续作业，并从地面再次调人下井作业，致使在第4次瓦斯爆炸时造成36人死亡，12人受伤的特别重大事故。从这起事故中引发的教训是企业一定要落实从业人员一旦发现有直接危及人身安全的紧急情况时要停止作业，或在采取可能的应急措施后撤离作业场所的权利。企业负责人不得违章指挥或强令作业人员继续从事违反安全的作业。

8. 必须在险情或事故发生后第一时间做好先期处置，及时采取隔离和疏散措施，并按规定立即如实向当地政府及有关部门报告。

事故案例：某年11月某分公司输油管道在进入青岛经济技术开发区市政排水暗渠时，因原油泄漏，在抢修时违规使用挖掘机、液压破碎锤打孔破碎作业，因产生明火使暗渠内油气发生爆炸，造成60多人死亡100多人受伤、巨额经济损失的特别重大事故。这次事故给我们的教训是：应在事故发生后第一时间先要做好应急处置，对泄漏区域实施有效警戒、设置围挡、严禁明火、采取隔离和人员疏散措施，并按规定立即如实向当地政府及有关部门全面报告以便及时启动应急救援预案。

9. 必须每年对应急投入、应急准备、应急处置与救援工作进行总结评估。

事故案例：某年3月1日下午某省高速公路隧道内发生道路交通事故，继而引发危险化学品激烈爆燃。经调查，发现涉事企业存在危险货物道路运输事故应急救援预案和应急处置方案均不完善的问题，因此在事故发生后第一时间不能及时、安全、有序、有力进行应急处置，加上缺少专兼职隧道事故应急救援队伍及专门应急装备物资的投入，缺乏对事故防范、自救互救、避险逃生等方面的技能培训。地方上的应急响应和处置工作也不够完善，最后导致40人死亡、12人受伤、42辆车烧毁的特别重大事故。

第四章

危险化学品企业内危险作业的安全要求

林秘书长
（省安全生产学会）

根据国家安监总局2013年5月发布的第64号令：关于《化工（危险化学品）企业保障生产安全的十条规定》中第八条：“严禁未经审批进行动火，进入受限空间、高处、吊装、临时用电、动土、检维修、盲板抽堵等作业。”说明这些作业在化工（危险化学品）企业里是容易出事故的比较危险的作业项目，点出了各化工（危险化学品）企业特别要注意的一些环节。这次我们到企业里来，也请有关专家谈谈在这些作业时要注意哪些安全事项。

第一节　动火作业

周工
（市化工设计院教授级高工）

动火作业主要是指在禁火区内使用可能产生火焰、火花或炽热表面的非常规作业。如使用电焊焊接、气焊切割、砂轮打磨、切割、用电钻钻孔、喷灯烧烤等作业。因在这些作业中会产生明火、火星或炽热表面，会对危险化学品企业里的易燃易爆物产生一定危险，因此对该作业有一定限制和要求。下面将介绍动火作业要遵守的一些安全要求。

1. 在危险化学品企业内要划出动火区和禁火区域。在动火区内可进行焊接，切割，打磨，使用电钻，砂轮和其他明火作业，该作业区与有易燃易爆危险的生产车间间距应为30米及以上。

2. 在动火区内应配备足够数量的消防灭火器材和防护用品，并设置明显标志。

3. 可燃气体不应扩散到动火区内，绝不允许动火区内出现可燃气体在空气中的浓度达到爆炸下限以上。

4. 如在禁火区内动火作业，必须先办理动火安全作业证（其样式见表4-1）手续，并经有关人员和领导批准后方可实施。

5. 在禁火区内动火，应先对动火点周围进行检查，如发现有可燃物或空洞、窨井、地沟、水封等存在时应清理干净或加盖封堵。如附近有可能泄漏可燃、易燃物料的设备时应予以隔离。

6. 每次动火作业前都必须检查安全措施有否落实到位，各种工器具、防护用具、消防器材等是否配齐，只有全部按要求落实、配齐才可作业。

7. 如在曾经盛装过易燃易爆物质的有限空间内动火，必须先对该有限空间进行清洗（用水洗或蒸汽吹扫）、置换、通风并经气体浓度分析合格后方可作业。

8. 对动火作业中的气体分析要求是：如被测气体或蒸气的爆炸下限大于等于4%时，检出浓度应不大于0.5%（体积分数）。当被测气体或蒸气的爆炸下限小于4%时，其检出浓度应不大于0.2%（体积分数）。动火分析与动火作业的间隔时间一般不超过30分钟。

9. 如在原来盛装过有毒物或在有可能会缺氧或有腐蚀性介质或有粉尘存在的受限空间内动火作业时，应按照本章第二节进入受限空间作业的要求对设备、设施进行处置并经气体分析合格后方可进入动火作业。

10. 在有可燃材料的设备内动火时，要采取对可燃材料防火隔离措施。如塔器设备内有橡塑或木质等材料的构件、零部件、填料时在动火前可用水充分浸透过的麻袋或铁板之类遮盖严密，避免动火时产生火星点燃橡塑或木质等可燃材料。

11. 在用氧炔气焊动火时，氧气和乙炔钢瓶之间的间距应不小于5米，两者与动火点的间距不应小于10米。乙炔钢瓶直立放置，氧气钢瓶如要直立放置时应有防倒措施。气瓶宜放置在通风阴凉的遮阳棚内，避免阳光暴晒。

12. 在动火点周围一定距离内不允许有可燃气体或可燃液体排放，也不允许进行可燃溶剂清洗或喷漆等工作。

13. 当天气刮风在五级及以上时，原则上禁止露天动火作业。如生产确实有此需要则该动火作业应按升高一个级别进行管理。

14. 在高处动火作业时应办理高处（离基准面2米及以上）安全作业证手续。并采取防火花飞溅措施。

15. 电焊回路线已接在焊件上，把线不能穿过下水井或与其他设备搭接。

16. 在动火作业中涉及到其他危险作业的，除办理相关安全作业证手续外，如涉及到特种作业内容的（如电工、焊工等）应由持相应特种作业证的人员持证上岗。

17. 动火作业是一个危险作业，在作业期间应有专人监火。

18. 作业完成后应仔细检查是否已消灭残余火种，清理作业现场。与化工生产人员一起检查，使设备、设施、管道等能符合使用要求。

表4-1 动火安全作业证

申请单位		申请人		作业证编号	
动火作业级别					
动火地点					
动火方式					
动火时间	自 年 月 日 时 分始 至 年 月 日 时 分				
动火作业负责人		动火人			
动火分析时间	年 月 日 时	年 月 日 时		年 月 日 时	
分析点名称					
分析数据					
分析人					
涉及的其他特殊作业					
危害辨识					

序号	安全措施	确认人
1	动火设备内部构件清理干净，蒸汽吹扫或水洗合格，达到用火条件	
2	断开与动火设备相连接的所有管线，加盲板（ ）块	
3	动火点周围的下水井、地漏、地沟、电缆沟等已清除易燃物，并已采取覆盖、铺沙、水封等手段进行隔离	
4	罐区内动火点同一围堰内和防火间距内的油罐不同时进行脱水作业	
5	高处作业已采取防火花飞溅措施	

续表

<table>
<tr><th colspan="2">序号</th><th colspan="3">安全措施</th><th>确认人</th></tr>
<tr><td colspan="2">6</td><td colspan="3">动火点周围易燃物已清除</td><td></td></tr>
<tr><td colspan="2">7</td><td colspan="3">电焊回路线已接在焊件上，把线未穿过下水井或与其他设备搭接</td><td></td></tr>
<tr><td colspan="2">8</td><td colspan="3">乙炔气瓶（直立放置）、氧气瓶与火源间的距离大于10米</td><td></td></tr>
<tr><td colspan="2">9</td><td colspan="3">现场配备消防蒸汽带（　）根，灭火器（　）台，铁锹（　）把，石棉布（　）块</td><td></td></tr>
<tr><td colspan="2">10</td><td colspan="3">其他安全措施：</td><td></td></tr>
<tr><td>生产单位负责人</td><td></td><td>监火人</td><td></td><td>动火初审人</td><td></td></tr>
<tr><td colspan="2">实施安全教育人</td><td colspan="2"></td><td colspan="2"></td></tr>
<tr><td colspan="6">申请单位意见
签字：　　　年　月　日　时　分</td></tr>
<tr><td colspan="6">安全管理部门意见
签字：　　　年　月　日　时　分</td></tr>
<tr><td colspan="6">动火审批人意见
签字：　　　年　月　日　时　分</td></tr>
<tr><td colspan="6">动火前，岗位当班班长验票
签字：　　　年　月　日　时　分</td></tr>
<tr><td colspan="6">完工验收
签字：　　　年　月　日　时　分</td></tr>
</table>

注：1. 动火作业级别分三级。（1）二级动火指除一级和特殊动火以外的动火作业；（2）一级动火，如厂区管廊上的动火；（3）特殊动火，指生产运行状态下的易燃易爆生产装置、输送管道、储罐、容器等部位及其他特殊危险场所进行的动火作业、带压不置换动火作业。

2. 表4-1～表4-7均摘自《化学品生产单位特殊作业安全规范》GB 30871—2014。

第二节　进入受限空间作业

单工
（省安全咨询公司高工）

受限空间（有时也称为有限空间）是指进出口均受到限制的可能存在易燃易爆、有毒有害物质或缺氧，对进入人员身体健康和生命安全构成威胁的封闭或半封闭的设备、设施及场所，如反应器、塔、釜、槽、罐、炉、膛、锅、筒、管道以及地下室、窨井、坑（池）、下水道或其他封闭、半封闭场所都称为受限空间。这类场所的危险性较敞开空间大得多，主要是危险物质不易消散，易积聚火灾爆炸性混合气体或其他有毒、窒息性气体。

受限空间作业是指人员进入或探入受限空间内进行的作业。该作业的危险性表现在两方面：一是作业环境本身可能有危险（如有危险化学品存在等）；二是作业过程可能有危险（如通风不良造成窒息、中毒等）。因此在从事该作业时应遵守以下一些安全要求。

1. 作业前必须先办理进入受限空间安全作业证（其样式

见表4-2）手续，并经有关人员和领导批准同意后方可实施。严禁作业人员擅自进入受限空间内作业。

2. 作业前应先编制施工方案，作业指导书和应急救援预案。在进入受限空间之前先对作业人员进行作业内容、施工方案、作业环境、设备或设施结构、内部附件和辅件、介质的理化性质、毒害性、重点难点、注意事项等介绍。

3. 必须对作业人员进行安全培训，严禁培训不合格人员进入受限空间作业。

4. 在受限空间外配备专门的监护人，监护人应熟悉检修设备的结构、运作情况、检修部位及周边情况。了解介质的理化性质、毒害性、中毒窒息症状和火灾、爆炸危险性。在作业期间监护人不能擅离职守。

5. 将与受限空间连接的外部管道、孔、洞、设备、设施均予封堵，或插入盲板或拆除一段管道，使受限空间与外部管道、设备、设施完全隔离，以免危险介质进入需作业的受限空间内。

6. 当受限空间与外部连接的管道、孔、洞、设备、设施隔离后，该受限空间的人孔、手孔、料孔、门、烟筒、盖子等应最大限度地敞开，让该空间与大气相通，进行自然通风。作业时适宜的新风量为30～50m^3/h。受限空间内温度要能适宜人员作业。

7. 作业前应将受限空间内物料放净并进行清洗（用水洗或蒸汽吹扫）、置换、通风。如受限空间内原来是含有易燃易爆组分的，在经过上述处理后，需经气体分析合格。其合格标准同本章第一节第8点。该分析应在作业人员进入受限空间前30分钟内进行，如现场条件不允许，时间可适当放宽，但不应超过60分钟。同时采取相关安全措施。如在受限空间内作业时间较长（30分钟以上），需对该空间再次进行气体分析，确认合格后方可继续作业。

8. 分析仪器应在校验有效期内。监测点应有代表性，监测人员探入受限空间内监测时，应采取个体防护措施。

9. 在有易燃易爆危险的受限空间内作业时，作业人员应穿防静电工作服、鞋、帽、手套等，使用防爆型低压灯具及不会发生火花的工器具。

10. 如在原来盛装过有毒物的受限空间内作业时，作业前应对受限空间进行清洗、置换、通风。经气体分析，其浓度应符合国家有关标准规定。受限空间内氧含量应为18% ~ 21%，富氧环境下不应大于23.5%。对可能释放有毒有害物质的受限空间，在作业过程中应连续进行分析监测，如有异常情况要立即通知作业人员撤离受限空间。

11. 如在有可能会缺氧的受限空间内作业时，如自然通风效果不良，应采用机械通风，通风换气次数不能少于3～5次/小时。受限空间内空气经分析氧含量应为18%～21%。在作业过程中应经常对受限空间内的空气进行分析监测，如有异常情况要立即通知作业人员撤离受限空间。

12. 作业人员必须配备个人防中毒、窒息等防护装备，设置安全警示标识，严禁无防护、监护措施作业。

13. 如在有腐蚀性介质的受限空间内作业时，作业人员应穿戴防腐蚀的工作服、鞋、帽、手套、护目镜等防护用品。

14. 如在有粉尘存在的受限空间内作业时，作业人员应佩戴防尘口罩、眼罩、工作服、鞋、帽、手套等防护用品。

15. 必须做到“先通风、再检测、后作业”，严禁通风、检测不合格情况下进入受限空间内作业。

16. 如在高、低温的受限空间内作业，进入时应穿戴防高、低温的防护用品及采取必要的安全措施。

17. 如受限空间内有搅拌、混合等转动构件时，作业前必须先断开电源，挂上警示牌并上锁。确保检修中不能启动运转机械，以免造成机毁人亡惨剧。

18. 受限空间内照明应采用低压电源（小于或等于

36V）。如在潮湿或狭小空间内作业时，其电压应小于或等于12V。为避免触电，在潮湿环境中作业时，作业人员应站在绝缘垫上，所用电器设备还必须要有防漏电、防触电的安全措施。

19. 必须制定应急措施，现场配备应急装备，严禁盲目施救。

20. 作业区要设置安全警示标志，配齐救援物资、急救器材、消防器材等安全设施。

21. 检查受限空间进出口通道，无阻碍人员进出的障碍物。

22. 作业结束后，作业人员应仔细清理现场，把废料、各种杂物整理集中，连同工器具等全部带出受限空间。经与生产人员一起确认无遗留问题后才能离开作业场所。

进入受限空间作业

表4-2 受限空间安全作业证

<table>
<tr><td>申请单位</td><td colspan="2"></td><td>申请人</td><td colspan="2"></td><td>作业证编号</td><td></td></tr>
<tr><td>受限空间所属单位</td><td colspan="2"></td><td colspan="3">受限空间名称</td><td colspan="2"></td></tr>
<tr><td>作业内容</td><td colspan="2"></td><td colspan="3">受限空间内原有介质名称</td><td colspan="2"></td></tr>
<tr><td>作业时间</td><td colspan="7">自 年 月 日 时 分始 至 年 月 日 时 分</td></tr>
<tr><td>作业单位负责人</td><td colspan="7"></td></tr>
<tr><td>监护人</td><td colspan="7"></td></tr>
<tr><td>作业人</td><td colspan="7"></td></tr>
<tr><td>涉及的其他特殊作业</td><td colspan="7"></td></tr>
<tr><td>危害辨识</td><td colspan="7"></td></tr>
<tr><td rowspan="11">分析</td><td>分析项目</td><td>有毒有害介质</td><td>可燃气</td><td>氧含量</td><td rowspan="2">时间</td><td rowspan="2">部门</td><td rowspan="2">分析人</td></tr>
<tr><td>分析标准</td><td></td><td></td><td></td></tr>
<tr><td>分析数据</td><td></td><td></td><td></td><td></td><td></td><td></td></tr>
<tr><td></td><td></td><td></td><td></td><td></td><td></td><td></td></tr>
<tr><td></td><td></td><td></td><td></td><td></td><td></td><td></td></tr>
<tr><td></td><td></td><td></td><td></td><td></td><td></td><td></td></tr>
<tr><td></td><td></td><td></td><td></td><td></td><td></td><td></td></tr>
<tr><td></td><td></td><td></td><td></td><td></td><td></td><td></td></tr>
<tr><td></td><td></td><td></td><td></td><td></td><td></td><td></td></tr>
<tr><td></td><td></td><td></td><td></td><td></td><td></td><td></td></tr>
<tr><td></td><td></td><td></td><td></td><td></td><td></td><td></td></tr>
</table>

续表

序号	安全措施	确认人
1	对进入受限空间危险性进行分析	
2	所有与受限空间有联系的阀门、管线加盲板隔离，列出盲板清单，落实抽堵盲板责任人	
3	设备经过置换、吹扫、蒸煮	
4	设备打开通风孔进行自然通风，温度适宜人员作业；必要时采用强制通风或佩戴空气呼吸器，不能用通氧气或富氧空气的方法补充氧	
5	相关设备进行处理，带搅拌机的设备已切断电源，电源开关处加锁或挂“禁止合闸”标志牌，设专人监护	
6	检查受限空间内部已具备作业条件，清罐时（无需用/已采用）防爆工具	
7	检查受限空间进出口通道，无阻碍人员进出的障碍物	
8	分析盛装过可燃有毒液体、气体的受限空间内的可燃、有毒有害气体含量	
9	作业人员清楚受限空间内存在的其他危险因素，如内部附件、集渣坑等	
10	作业监护措施：消防器材（ ）、救生绳（ ）、气防装备（ ）	
11	其他安全措施：	

实施安全教育人			
申请单位意见 签字：　　年　月　日　时　分			
审批单位意见 签字：　　年　月　日　时　分			
完工验收 签字：　　年　月　日　时　分			

第三节　高处作业

单工
（省安全咨询
公司高工）

我来讲一下高处作业。高处作业是指作业位置到坠落面之间的垂直距离超过2米（含2米）以上的作业。因高处作业容易发生人或物不慎坠落，造成作业人员或周边其他人员伤害以及设备设施的损坏，所以在进行该作业时应遵守以下安全要求。

1. 作业前先要办理高处安全作业证（见表4-3）手续，并经有关人员和领导批准后方可实施。

2. 作业人员必须经过专业机构的安全技能培训，考核合格取得特种作业资格证的人员，要持证上岗。

3. 作业前先由施工负责人向作业人员进行现场的安全教育，介绍作业点的情况，工作内容、危险性等，并与作业人员一起制定作业程序。

4. 作业人员在作业前应进行身体检查，如有高血压、心脏病、癫痫症、恐高症等不适于登高的病症者，不得登高作业。

5. 作业人员必须按规定穿戴符合标准的劳动防护用品、安全防护用品等登高器具。尤其是高处作业的“三大安全宝”：安全帽、安全带和安全网一定要配齐。对30米以上高处作业者，应配置通讯联络工具。落实有关其他安全措施。

6. 高处作业应设监护人。与地面应保持顺畅联系，如发现有险情或安全措施有缺陷或隐患时，要及时解决。如危及人身安全时，应立即停止作业并迅速撤离作业现场，

7. 作业人员严禁在作业处休息，不得在高处向下抛掷物件或工器具。

8. 在一般雨天、雾天高处作业时，应采取可靠的防滑、防寒、防冻措施。如有五级及以上强风、浓雾、暴雨、暴雪、沙尘暴等恶劣天气时，不得进行高处作业，也不得进行露天攀登或悬空高处作业。

9. 作业人员应佩戴过滤式防毒面具（或口罩）或空气呼吸器等安全防护器具。如在临近有排放有毒有害气体、粉尘的放空管或烟囱的场所作业时，在未查明作业点的有毒有害物浓度之前，严禁在这种场合进行高处作业。

10. 如在夜间或采光较差情况下作业，应配有符合安全要求的照明设施，否则不能进行露天攀登或悬空等高处作业。

11. 如需要垂直分层作业时，应在垂直分层作业中间设置

隔离设施。

12. 现场搭设的脚手架、梯子、防护网、安全绳、围栏等应符合安全要求。

13. 当高处有坠落可能的物件时，应一律事先拆除或加固。高处作业人员应携带工具袋及安全绳，所用工器具应装在规定的工具袋内，上下高处时手中不得持物。

14. 在彩钢瓦、石棉瓦、瓦棱板等轻型建材制作的屋顶上作业时，因其强度恐不够承载人和物的重量，人员上去时应先铺设脚手垫板，并加以固定，脚手垫板要有足够的支承强度和防滑等安全措施。

15. 在拆除脚手架、防护棚等时，有时也需登高作业。此时仍应有专人监护，并设置警戒区域，在进行拆除作业时，不得上下同时施工。

表4-3 高处安全作业证

申请单位		申请人		作业证编号	
作业时间	自 年 月 日 时 分始 至 年 月 日 时 分				
作业地点					
作业内容					
作业高度		作业类别			
作业单位		监护人			
作业人		涉及的其他特殊作业			
危害辨识					

序号	安全措施	确认人
1	作业人员身体条件符合要求	
2	作业人员着装符合工作要求	
3	作业人员佩戴合格的安全帽	
4	作业人员佩戴安全带，安全带高挂低用	
5	作业人员携带有工具袋及安全绳	
6	作业人员佩戴：A过滤式防毒面具或口罩；B空气呼吸器	
7	现场搭设的脚手架、防护网、围栏符合安全规定	
8	垂直分层作业中间有隔离设施	
9	梯子、绳子符合安全规定	
10	石棉瓦等轻型棚的承重梁、柱能承重负荷的要求	
11	作业人员在石棉瓦等不承重物作业所搭设的承重板稳定牢固	
12	采光、夜间作业照明符合作业要求，（需采用并已采用/无需采用）防爆灯	

续表

序号	安全措施	确认人
13	30米以上高处作业配备通讯、联络工具	
14	其他安全措施：	
实施安全教育人		
生产单位作业负责人意见 签字：　　年　月　日　时　分		
作业单位负责人意见 签字：　　年　月　日　时　分		
审核部门意见 签字：　　年　月　日　时　分		
完工验收 签字：　　年　月　日　时　分		

第四节　吊装作业

我来介绍吊装作业。什么叫吊装作业呢？利用各种吊装机具将设备、工件、器具、材料等吊起，使其发生位置变化的作业过程。吊装也是化工企业里较常见的危险作业之一，在作业过程中容易发生各种伤害事故，所以在进行该项作业时，也必须遵守有关安全要求。

单工
（省安全咨询公司高工）

1. 在吊装作业前，应先办理吊装安全作业证（见表4-4）手续，并经有关人员和领导批准后方可实施。

2. 作业人员必须经过专业机构的安全技能培训，考核合格取得特种作业资格证的人员，要持证上岗。

3. 吊装作业应在统一指挥下进行，规定联络信号，作业人员分工明确，坚守岗位。与被服务部门（厂方、车间等）负责人取得联系，建立联系信号。

4. 对于吊装质量大于等于40吨的重物或土建工程主体结构，或吊装物体虽不足40吨，但形状复杂、刚度小、长径比大、精密贵重、作业条件特殊的吊装作业在作业前需先编制吊装作业方案，并经作业主管部门和安全管理部门审查，报经有关领导批准。

5. 作业前应对起重吊装机械、设备、吊具、索具、安全装置等机具进行安全检查，保证安全可靠。如有损伤等情况时，均不得进行起吊作业。正式作业前应进行试吊。试吊时应先用低高度、短行程试吊。确认合格才可用。

6. 对吊装现场划出警戒区域，对警戒区和吊装现场应设置安全警戒线、围栏、警告牌、夜间警示灯等，对人员出入口和撤离安全措施要落实。非作业人员禁止入内。作业过程应有专人监护，并坚守岗位。

7. 在室外作业时，如遇恶劣天气（如暴雨、大雪、大雾及6级以上大风等）时，不得进行露天吊装作业。

8. 作业人员应按规定佩戴防护器具和个体防护用品。落实各项安全措施。

9. 严格按吊装安全操作规程精心操作，听从指挥人员发出的指令。如遇到紧急停车信号，不论何人发出，均应立即执行。

10. 当起重吊钩或吊物下方站人、通行或在工作时吊物上有人或有浮置物时，均不得进行起吊作业。

11. 当重物捆绑、固定、吊挂不牢、吊物重心不平衡、绳打结、绳不齐、斜拉重物、吊物棱角与钢丝绳之间无衬垫时、安全装置失灵，均不得进行起吊作业。

12. 如人员随同吊装重物或吊装机械升降的，应采取可靠的安全措施，并经过现场指挥人员批准。

13. 夜间作业应有足够的照明。当无法看清场地、吊物或指挥信号不明时，作业人员严禁作业。

14. 当吊物质量超重或质量不明时，或与其他重物相连接，或部分吊物埋在地下时，作业人员均不得进行起吊。在作业过程中应对地下电缆、通讯电（光）缆、局域网络电（光）缆、地下管道、排水渠沟及各种地下设施等要事先落实各项安全保护措施。

15. 在吊装作业中不准利用机电设备、电杆、管架、管道等作为吊装支撑锚点，未经工程处审查核算并批准不能将建构筑物中的柱子、大梁、墙等作为支撑锚点。

16. 严禁操作人员同时进行起重和检维修作业。

17. 起重机械及其臂架、吊具、吊物、缆风绳、钢丝绳、拖拉绳等不得靠近高低压输电线路和电线杆，并应保持足够的安全距离。在作业高度和转臂范围内，无架空管线、电缆、通讯桥架等设施。

18. 如用定型起重吊装机械（履带吊车/轮胎吊车/轿式吊车等）进行吊装作业，应遵守该定型机械的操作规程。

19. 作业过程中应先用低高度、短行程试吊。作业现场如出现危险品泄漏，应立即停止作业，撤离人员到安全区域。

20. 如在有爆炸危险区域内作业，机动车排气管应安装火星熄灭器。

21. 当起吊重物在下放就位时，地面作业人员如用撑杆、钩子、缆绳等辅助工具作业时，应与吊物保持足够的间距，以保证地面作业人员的安全。

22. 在起吊或下放吊物时，速度应均匀，适度，禁止突然起吊和吊物自由落下。

23. 在作业完毕或息工时，应将重臂、吊物、吊笼等吊具收放到规定位置，严禁半悬空中。所有控制手柄均应放到零位，电气控制的起重机械的电源开关应断开。对在轨道上作业的吊车，应停放在指定位置并有效锚定。

24. 作业完成后，应将各种机械设备撤出，统一收集整理工器具，并清理现场杂物。

表4-4　吊装安全作业证

吊装地点		吊装工具名称		作业证编号	
吊装人员及特殊工种作业证号			监护人		
吊装指挥及特殊工种作业证号			吊装重物质量/吨		
作业时间	自　年　月　日　时　分始　至　年　月　日　时　分				

续表

吊装地点		吊装工具名称		作业证编号	
吊装内容					
危害辨识					

序号	安全措施	确认人
1	吊装质量大于等于40吨的重物或土建工程主体结构；吊装物体虽不足40吨，但形状复杂、刚度小、长径比大、精密贵重、作业条件特殊，已编制吊装作业方案，且经作业主管部门和安全管理部门审查，报主管（副总经理/总工程师）批准	
2	指派专人监护，并坚守岗位，非作业人员禁止入内	
3	作业人员已按规定佩戴防护器具和个体防护用品	
4	已与分厂（车间）负责人取得联系，建立联系信号	
5	已在吊装现场设置安全警戒标志，无关人员不许进入作业现场	
6	夜间作业采用足够的照明	
7	室外作业遇到（大雪/暴雨/大雾/六级以上大风），已停止作业	
8	检查起重吊装设备、钢丝绳、揽风绳、链条、吊钩等各种机具，保证安全可靠	
9	明确分工、坚守岗位，并按规定的联络信号统一指挥	
10	将建筑物、构筑物作为锚点，需经工程处审查核算并批准	
11	吊装绳索、揽风绳、拖拉绳等避免同带电线路接触，并保持安全距离	
12	人员随同吊装重物或吊装机械升降，应采取可靠的安全措施，并经过现场指挥人员批准	
13	利用管道、管架、电杆、机电设备等作吊装锚点，不准吊装	
14	悬吊重物下方站人、通行和工作，不准吊装	
15	超负荷或重物质量不明，不准吊装	
16	斜拉重物、重物埋在地下或重物坚固不牢、绳打结、绳不齐，不准吊装	

续表

序号	安全措施	确认人
17	棱角重物没有衬垫措施，不准吊装	
18	安全装置失灵，不准吊装	
19	用定型起吊装机械（履带吊车/轮胎吊车/轿式吊车等）进行吊装作业，遵守该定型机械的操作规程	
20	作业过程中应先用低高度.短行程试吊	
21	作业现场出现危险品泄漏，立即停止作业，撤离人员	
22	作业完成后现场杂物已清理	
23	吊装作业人员持有法定的有效证件	
24	地下通讯电（光）缆、局域网络电（光）缆、排水沟的盖板，承重吊装机械的负重量已确认，保护措施已落实	
25	起吊物的质量（吨）经确认，在吊装机械的承重范围	
26	在吊装高度的管线、电缆桥架已做好防护措施	
27	作业现场围栏、警戒线、警告牌、夜间警示灯已按要求设置	
28	作业高度和转臂范围内，无架空线路	
29	人员出入口和撤离安全措施已落实：A指示牌；B指示灯	
30	在爆炸危险生产区域内作业，机动车排气管已装火星熄灭器	
31	现场夜间有充足照明：36V、24V、12V防水型灯；36V、24V、12V防爆型灯	
32	作业人员已佩戴防护器具	
33	其他安全措施：	
实施安全教育人		
生产单位安全部门负责人（签字）：	生产单位负责人（签字）：	
作业单位安全部门负责人（签字）：	作业单位负责人（签字）：	
审核部门意见 签字：　　年　月　日　时　分		

第五节　临时用电作业

临时用电是指在正式运行的电源上外接出非永久性用电的一种方式。这种情况在企业比较多见，如施工机械、检修用电设备、临时性设施需要用电而设置的一种临时供电设施。因临时用电可能产生明火，对有易燃易爆物质的危险化学品企业而言有一定危险性，故将此也列为危险作业之一。下面我来讲一下有关该作业的一些安全要求。

钱工
（省安装公司
电气高工）

1. 在进行作业前应先办理临时用电安全作业证（见表4-5）手续，并经有关人员和领导批准后方可实施。

2. 安装临时供用电作业人员，必须具有电工特种作业操作证的人员，持证上岗。在作业过程中，涉及到电气方面故障的也必须由有电工作业证人员来排除，修理。

3. 持证电气作业人员应严格遵守本岗位的安全操作规程，穿戴规定的劳动防护用品，使用安全电气工器具，安全措施要落实到位。

4. 临时供电的电源安装、施工应严格执行电气安装、施工规范。临时供电前要对各种临时用电设备、线路、电气元器件再进行一次检查，确认用电设备、线路容量、负荷与供电电压等级、电流、容量等匹配符合，所用电气元器件符合国家相关产品标准。

5. 如临时用电在开关上接引或拆除线路时，其上一级开关应断电上锁并加挂警示标牌。有关安全措施必须到位。

6. 临时用电应设置保护开关，使用前应检查电气装置和保护设施的可靠性，所有临时用电均应设置接地保护。临时用电线路及设备应有良好绝缘，其线路一般应不低于500V的绝缘导线。

7. 临时用电线路如要经过高温、振动、腐蚀、积水、会产生机械损伤等区域时，在这些区域内的线路上不应有接头并应采取相应保护措施。

8. 临时用电线路如需架空敷设时，架空线应为绝缘铜芯线。电线应架设在专用电杆上，与地面（包括作业现场）最大弧垂不小于2.5米，不能架设在树上或脚手架上。如需跨越机动车道时，架空电线净高不低于5米。

9. 如临时用电线路为暗管埋设或需要埋地设置时，其埋深应不小于0.7米，如需从地下穿越道路时，该电缆线外应另加护套管。地面上要有电缆线在地下的位置、走向标志和相应的安全标志。

10. 临时用电部门应遵守临时用电规定，不得随意变更用电地点、内容、增加用电负荷。

11. 在有易燃易爆的危险场所（如生产车间、仓库、储罐区等）内，使用的临时电源、元器件和线路必须达到相应的防爆等级要求。

12. 对临时用电的线路在装置内不低于2.5米，道路不低于5米。

13. 在临时用电作业时，对经常接触和使用的配电箱、配电板、闸刀开关、按钮开关，插头以及导线等不得有破损或将带电部分裸露在外面，不得将三插脚的插头改为两插脚的插头插入两孔插座中，不得用铜、铁丝代替保险丝。为防止下雨、下雪、大雾天气的雨水渗漏，所用配电箱、柜均应有防雨水渗漏措施，箱柜门要求能关闭上锁。

14. 应经常检查电气设备的保护接地接零装置，确保牢固连接。在使用手电钻、电砂轮等手持电动工具时，必须安装漏电保护器，对工器具的金属外壳要进行防护性接地或接零。实行“一机一闸一保护”。

15. 如需移动电焊机、排气扇等临时性用电的电气设备时，必须先切断移动电气设备的电源，保护电线不被拉断或破损。

16. 对移动较频繁的照明设施，如照明行灯，其电压不应超过36V，在潮湿环境或空间狭窄场所内，照明行灯电压应不超过12V。

17. 临时用电只对本企业内部，不得向外单位供电用。

18. 临时用电作业结束后，应及时拆除有关临时用电设备、线路、配电板、开关等电气元器件，并清理掉现场杂物。

临时用电作业
临时用电必须先办理临时用电安全作业证

表4-5　临时用电安全作业证

申请单位		申请人		作业证编号	
作业时间	自　年　月　日　时　分始　至　年　月　日　时　分				
作业地点					
电源接入点		工作电压			

续表

申请单位		申请人		作业证编号	
用电设备及功率					
作业人		电工证号			
危害辨识					

序号	安全措施	确认人
1	安装临时线路人员持有电工作业操作证	
2	在防爆场所使用的临时电源、元器件和线路达到相应的防爆等级要求	
3	临时用电的单项和混用线路采用五线制	
4	临时用电线路在装置内不低于2.5m，道路不低于5m	
5	临时用电线路架空进线未采用裸线，未在树或脚手架上架设	
6	暗管埋设及地下电缆线路设有“走向标志”和“安全标志”，电缆埋深大于0.7m	
7	现场临时用配电盘、箱有防雨措施	
8	临时用电设施装有漏电保护器，移动工具、手持工具“一机一闸一保护”	
9	用电设备、线路容量、负荷符合要求	
10	其他安全措施：	

实施安全教育人			
作业单位意见 签字：　　　　年　月　日　时　分			
配送电单位意见 签字：　　　　年　月　日　时　分			

续表

申请单位		申请人		作业证编号	
审核部门意见 签字：　　　年　月　日　时　分					
完工验收 签字：　　　年　月　日　时　分					

第六节　动土作业

动土作业是指挖土、破洞、开孔、挖沟槽、打桩、钻探、坑探、地锚入土深度在0.5米以上，或使用推土机、压路机等施工机械进行填土或平整场地等可能对地下隐蔽设施产生影响的作业。因动土作业时有可能会产生明火或地基下沉，建构筑物倾斜、倒塌等事故，尤其是对危险化学品从业单位有较大危险性。下面我来介绍一下有关动土作业时要遵守的一些安全要求。

胡工
（省建筑公司
高工）

1. 作业前应先办理动土安全作业证（见表4-6）手续，并经有关人员和领导批准后方可实施。

2. 作业前应先了解作业场所及其周围的地上和地下设施

情况，如电缆线、各种管道、沟渠、地下建构筑物、各种设备等以及施工现场的地质、地下水等情况。编制作业方案和应急救援预案。

3. 作业前施工负责人应向作业人员介绍作业点位置、周边情况、作业内容、要求、作业程序等。同时对作业人员进行安全教育，交待安全注意事项。

4. 施工现场应有指挥人员，作业人员应听从指挥人员指挥，严格按照安全操作规程施工。动土作业时，应有专人监护。

5. 根据作业方案图划线和立桩，清理动土范围内的障碍物。对地下电力电缆、通讯电（光）缆、局域网络电（光）缆、地下供排水、消防管线、工艺管线等地下设施应采取保护措施。

6. 作业人员应佩戴规定的劳动防护用品。检查并落实作业点的安全措施，配备可燃气体和有毒介质的检测仪。应急救援器材应到位。

7. 作业现场应设置警示标志等安全设施。设置围栏、警戒线、警告牌、盖板等。施工现场在夜间应悬挂警示红灯。

8. 根据作业现场的地质、地下水情况，做好现场的地上、地下渗水抽排工作。在挖掘坑、槽、井、沟等作业时，做好放坡处理和坑基护坡、固壁、支撑、防塌方工作。如发现异常，应立即停止工作，作业人员立即撤离作业现场。作业人员的安全撤离措施和出入口应予以落实。

9. 作业人员不应在开挖处上端边沿行走或逗留，也不能在开挖处内休息。禁止在开挖处上端边缘处堆放重物。

10. 作业过程中如涉及需有特种作业操作证要求的内容（如拆卸电气设施、线路等）必须由相应工种的人员持证上岗作业。

11. 禁止在易燃易爆场所（生产车间、仓库、储罐区等）进行会产生明火的开挖地面，挖沟，建构筑物开孔、破洞、修缮、改建等动土作业。如因生产、工作需要，必须办理符合该场所安全动火的相关手续，并采取必要的安全措施。

12. 如在有可能散发有毒物场所动土作业时，作业人员应与化工操作人员建立联系，如有有毒有害物质排出时应立即通知动土作业人员，迅速撤离现场。

13. 如在有建构筑物场所进行动土作业时，应避开对建构筑物的地基基础、梁、柱、承重墙或承重构件等进行挖掘、开槽、凿洞等作业，以免引起建构筑物的垮塌。动土作业后应防止地表水进（渗）入建构筑物地下。

14. 如在夜间作业，应配备足够的照明灯（电压等级不超过36V)。灯具视现场情况确定是否采用防水型或防爆型灯具。

15. 如若道路需要施工时，在施工前应向有关部门（如消防、交通、安监、应急中心等）报批或报备。

16. 动土作业完毕后，应将散落在现场的废料、杂物、垃圾等及时清理掉，在相关部门、专业工种检查配合下，如符合要求后再及时回填土石，撤除围护等设施。

动土作业

动土作业之前先了解作业场所和周边地上地下设施情况

表4-6 动土安全作业证

申请单位		申请人		作业证编号	
监护人					
作业时间	自 年 月 日 时 分始 至 年 月 日 时 分				
作业地点					
作业单位					
涉及的其他特殊作业					

续表

<table>
<tr><td>申请单位</td><td></td><td>申请人</td><td></td><td>作业证编号</td><td></td></tr>
<tr><td colspan="6">作业范围、内容、方式（包括深度、面积，并附简图）：
签字：　　　年　月　日　时　分</td></tr>
<tr><td>危害辨识</td><td colspan="5"></td></tr>
<tr><td>序号</td><td colspan="4">安全措施</td><td>确认人</td></tr>
<tr><td>1</td><td colspan="4">作业人员作业前已进行了安全教育</td><td></td></tr>
<tr><td>2</td><td colspan="4">作业地点处于易燃易爆场所，需要动火时已办理了动火证</td><td></td></tr>
<tr><td>3</td><td colspan="4">地下电力电缆已确认，保护措施已落实</td><td></td></tr>
<tr><td>4</td><td colspan="4">地下通信电（光）缆、局域网络电（光）缆已确认，保护措施已落实</td><td></td></tr>
<tr><td>5</td><td colspan="4">地下供排水、消防管线、工艺管线已确认，保护措施已落实</td><td></td></tr>
<tr><td>6</td><td colspan="4">已按作业方案图划线和立桩</td><td></td></tr>
<tr><td>7</td><td colspan="4">动土地点有电线、管道等地下设施，已向作业单位交待并派人监护；作业时轻挖，未使用铁棒、铁镐或抓斗等机械工具</td><td></td></tr>
<tr><td>8</td><td colspan="4">作业现场围栏、警戒线、警告牌夜间警示灯已按要求设置</td><td></td></tr>
<tr><td>9</td><td colspan="4">已进行放坡处理和固壁支撑</td><td></td></tr>
<tr><td>10</td><td colspan="4">人员出入口和撤离安全措施已落实：A梯子；B修坡道</td><td></td></tr>
<tr><td>11</td><td colspan="4">道路施工作业已报：交通、消防、安全监督部门、应急中心</td><td></td></tr>
<tr><td>12</td><td colspan="4">备有可燃气体检测仪、有毒介质检测仪</td><td></td></tr>
<tr><td>13</td><td colspan="4">现场夜间有充足照明：A.36V、24V、12V防水型灯；B.36V、24V、12V防爆型灯</td><td></td></tr>
<tr><td>14</td><td colspan="4">作业人员已佩戴防护器具</td><td></td></tr>
<tr><td>15</td><td colspan="4">动土范围内无障碍物，并已在总图上做标记</td><td></td></tr>
<tr><td>16</td><td colspan="4">其他安全措施：</td><td></td></tr>
<tr><td>实施安全教育人</td><td></td><td colspan="2"></td><td colspan="2"></td></tr>
<tr><td colspan="6">申请单位意见
签字：　　　年　月　日　时　分</td></tr>
</table>

续表

申请单位		申请人		作业证编号	
作业单位意见 签字：　　年　月　日　时　分					
有关水、电、汽、工艺、设备、消防、安全等部门会签意见 签字：　　年　月　日　时　分					
审核部门意见 签字：　　年　月　日　时　分					
完工验收 签字：　　年　月　日　时　分					

第七节　盲板抽堵作业

周工
（市化工设计院
教授级高工）

我来讲一下盲板的抽堵作业。什么叫盲板抽堵作业呢？它是指在设备、管道上安装和拆卸盲板的作业。大家知道，当设备，管道需要检修时，为防止其他设备、管道内的物料流入检修的设备、管道内，应在连接它们的管道、阀门或设备之间增设盲板，以堵截物料流入。待检修完毕后，又要将此盲板抽出，恢复原状，使原来连接的设备、管道连通。因为这项作业具有一定的危险性，我在此介绍一些有关安全要求。

1. 作业前先办理盲板抽堵安全作业证（见表4-7）手续，并经有关人员和领导批准后方可实施。

2. 作业前可利用工艺流程图（带控制点的），在该图上标志盲板位置。并在图上将盲板统一编号。设专人负责此项工作。

3. 根据待插盲板管道、设备接管（或接口）法兰密封面口径、材质、介质理化性质、工艺要求等制作相匹配的盲板及垫片以备用。并将制作好的盲板、垫片实物按图上的编号一一进行对应编号。

4. 作业人员在工作时应穿戴与接触介质对应的各种劳动防护用品。

5. 对于有易燃易爆介质的设备、管道、阀门等应先进行清洗、置换，通风合格后再进行盲板的插入。插入位置和盲板实物编号应与图上编号一致，并登记在册。作业人员应穿防静电工作服、工作鞋等防护用品；作业时应使用不发生火花的防爆工器具和防爆型的低压照明灯具。在作业点30米范围内不应有明火作业。

6. 如在有强腐蚀性介质的设备、管道、阀门等处进行盲板设置时，也应该先将设备、管道、阀门内的物料放净并清洗、置换至中性后再按图上编号插入盲板。作业人员应穿戴防止酸碱灼伤的防护用品及其他安全措施。

7. 如在有毒介质的设备、管道、阀门等处进行盲板设置时，应该先将设备、管道、阀门内的物料放净并清洗、置换、通风，气体分析合格后再按图上编号插入盲板。作业人员应穿戴相应的防毒害防护用具。

8. 如介质温度较高时，作业人员应做好防止烫伤的措施。

9. 作业时，待插盲板的设备、管道、阀门内的压力应降至常压。

10. 在室内进行盲板抽堵作业时，应打开门窗，保持良好通风。如在空气流通不畅场所作业，应使用排气扇等加强通风。

11. 如在离基准地面2米及以上的管道、设备、阀门等处进行作业时，还应办理高处安全作业证等相关手续，遵循高处作业的安全要求。

12. 如在光线较暗的角落处作业，应临时增设安全电压的照明，确保现场应有足够的亮度。

13. 不宜在一根管道上同时设置两处以上的盲板。

14. 对危险性较大，情况比较复杂场合，为确保安全，应另行制定应急救援预案，并落实相应应急救援物资等。

15. 待设备、管道、阀门等检修完毕后，在开车前统一由专人负责按盲板位置图上的编号，对照现场盲板编号，一一将其抽出，并登记在册。与插入盲板时登记的情况对照，应完全吻合。

16. 在整个盲板抽堵作业全过程中，均应有专人监护。

17. 作业完毕后，应将抽出的盲板、垫片集中收集回收。对散落在现场的废料、废物应清理干净。

盲板抽堵作业

表4-7　盲板抽堵安全作业证

<table>
<tr><td>申请单位</td><td colspan="3"></td><td colspan="2">申请人</td><td colspan="3"></td><td colspan="3">作业证编号</td><td></td></tr>
<tr><td rowspan="2">设备管道名称</td><td rowspan="2">介质</td><td rowspan="2">温度</td><td rowspan="2">压力</td><td colspan="3">盲板</td><td colspan="2">实施时间</td><td colspan="2">作业人</td><td colspan="2">监护人</td></tr>
<tr><td>材质</td><td>规格</td><td>编号</td><td>堵</td><td>抽</td><td>堵</td><td>抽</td><td>堵</td><td>抽</td></tr>
<tr><td></td><td></td><td></td><td></td><td></td><td></td><td></td><td></td><td></td><td></td><td></td><td></td><td></td></tr>
<tr><td>生产单位作业指挥</td><td colspan="12"></td></tr>
<tr><td>作业单位负责人</td><td colspan="12"></td></tr>
<tr><td>涉及的其他特殊作业</td><td colspan="12"></td></tr>
</table>

续表

<table>
<tr><td>申请单位</td><td></td><td>申请人</td><td></td><td>作业证编号</td><td></td></tr>
<tr><td colspan="6">盲板位置图及编号：

编制人：　　　　年　月　日</td></tr>
<tr><td>序号</td><td colspan="4">安全措施</td><td>确认人</td></tr>
<tr><td>1</td><td colspan="4">在有毒介质的管道、设备上作业时，尽可能降低系统压力，作业点应为常压</td><td></td></tr>
<tr><td>2</td><td colspan="4">在有毒介质的管道、设备上作业时，作业人员穿戴适合的防护用具</td><td></td></tr>
<tr><td>3</td><td colspan="4">易燃易爆场所，作业人员穿防静电工作服、工作鞋；作业时使用防爆灯具和防爆工具</td><td></td></tr>
<tr><td>4</td><td colspan="4">易燃易爆场所，距作业地点30米内无其他动火作业</td><td></td></tr>
<tr><td>5</td><td colspan="4">在强腐蚀性介质的管道、设备上作业时，作业人员已采取防止酸碱灼伤的措施</td><td></td></tr>
<tr><td>6</td><td colspan="4">介质温度较高、可能造成烫伤的情况下，作业人员已采取防烫措施</td><td></td></tr>
<tr><td>7</td><td colspan="4">同一管道上不同时进行两处以上的盲板抽堵作业</td><td></td></tr>
<tr><td>8</td><td colspan="4">其他安全措施：</td><td></td></tr>
<tr><td colspan="2">实施安全教育人</td><td></td><td></td><td colspan="2"></td></tr>
<tr><td colspan="6">生产车间（分厂）意见

签字：　　　　年　月　日</td></tr>
<tr><td colspan="6">作业单位意见

签字：　　　　年　月　日</td></tr>
<tr><td colspan="6">审批单位意见

签字：　　　　年　月　日</td></tr>
</table>

续表

序号	安全措施	确认人
盲板抽堵作业单位确认意见 签字：　　年　月　日		
生产车间（分厂）确认意见 签字：　　年　月　日		

第八节　检维修作业

陈工
（省安全科技
咨询公司高工）
在危险化学品企业里，设备、设施等的检维修是经常性的工作。因为通过检维修可以使在役设备、设施能保持和恢复其原来所规定的性能。但设备、设施的检维修工作往往较复杂，且工作量大，危险性也较大，尤其是在涉及有危险化学品的企业里，检维修人员常要与暴露的危险化学品接触，危险性会更大。为确保安全，下面由我来讲一下进行该作业时应遵守的一些安全要求。

1. 作业前应先办理有关设备检修的安全作业手续，并经有关人员和领导批准后方可实施。

2. 当设备检修时碰到动火、临时用电、进入受限空间作业、高处作业、吊装作业、动土作业和盲板抽堵作业时，另需办理安全作业证手续，并经有关人员和领导批准后方可实施。

3. 涉及特种作业的，应由持特种作业证的人员作业。

4. 检维修项目的负责人，应在作业前先对从事检维修作业人员详细介绍检维修内容、程序、场所存在的可能危险性。并对检维修作业人员进行安全教育，落实各项安全要求。

5. 作业现场应配备、落实各项安全措施。作业现场应设立相应安全警示标志。

6. 作业人员要佩带规定的劳动防护用品。配备必要的安全带，救生绳，照明设备，消防灭火器材，通风机械等。作业人员在工作中要严格遵守检维修的安全操作规程。

7. 对检维修使用的各种工器具如手持电动工具、电气焊用具、起吊机械、扶梯、脚手架等进行安全检查，并确认合格可用。

8. 在检维修带电的电气设备、电气元器件等部件时，应断开电源，并在开关处设置断电警示牌、上锁。

9. 对有易燃易爆物介质的设备，管道进行检修前，应事先对设备、管道用水或水蒸气冲（吹）洗干净，再用清水置换、通风后对设备、管道内空气取样分析，经分析合格后，作业人员才能进入该设备，管道内检维修。如作业时间较长，在间隔一段时间后（一般为30分钟），还要重新取样进行分析。作业过程中宜采用不产生火花的工器具。

10. 对有腐蚀性介质的设备，管道进行检维修时，事先应用水或水蒸气冲（吹）洗干净，再用清水置换，置换出来的水其pH约为7时，再用新鲜空气通风。经气体取样分析，设备、管道内空气中氧含量与设备外相符时，作业人员可进入作业。作业现场应配备流动清水的洗眼器和淋浴器等。

11. 对于有有毒介质的设备、管道进行检维修时，应事先将设备，管道内物料彻底放净后用水或水蒸气冲（吹）洗，再用清水置换多次，然后用新鲜空气通风置换，对设备、管道内气体取样分析，其有毒介质浓度应在国家有关标准以内，且气体中氧含量与设备外空气中氧含量相同，此时作业人员才能进入设备、管道内作业。如作业时间较长，应在间隔一段时间后（一般为30分钟），再重新取样进行分析。作业现场应配备正压式空气呼吸器等。

12. 在危险性较大的场所进行检维修时，应有专人监护。当出现可能危及检修人员安全时，应立即通知作业人员停止工作，迅速撤离至安全地带。

13. 如在夜间或天气条件较恶劣情况下进行检维修作业

时，作业场所应有足够的照明和其他安全措施。在作业期间应安排专人监护。

14. 检维修作业完毕后，作业人员应将检维修时所用脚手架、扶梯、起重机械、缆绳、工器具等集中回收。将遗留在设备、管道内的废料、垃圾一定要清理干净，并携带出设备、管道。最后应在化工操作人员的配合下再将设备内原拆除的箅子板、花板、填料、各种内构件、盖板等附件、配件设施复原安装。

第五章

危险化学品常见事故的应急处置

今天我们来到本地区最大的一家综合性化工生产企业，其生产的产品有基本无机化工原料、有机化工原料、高分子聚合物、农药、化肥、生物医药、精细化学品等数十个品种。因产品多，工艺较多且复杂，其安全生产任务较重。前些年这家企业就发生过一些危险化学品事故，在这方面有过深刻的教训。今天请各位专家来就是希望各位能对常发、多发的一些事故提供怎么预防和怎么处置的技术指导。
林秘书长
（省安全生产学会）

第一节　火灾事故

何谓火灾——火灾是指在时间或空间上失去控制的燃烧所造成的灾害。

在危险化学品从业单位里，火灾是比较常见且多发的一类事故，这是因为危险化学品中有一些具有易燃、可燃等性质，有的还伴有化学爆炸性质，对人员、财产、环境等造成较大影响。为减少火灾损失，对火灾的应急处置十分重要。下面先通过两个与化工有关的火灾事故案例介绍，然后再给大家介绍一些火灾的应急处置知识。
赵指导员
（某市消防支队）

案例一

事故经过

某年6月某省某禽业有限公司员工陆续进厂工作，当日计划要屠宰加工肉鸡3.79万只，在车间上班人数395人。6点10分左右，部分员工发现主厂房一车间女更衣室及附近区域上部有烟和火冒出，也有人发现在主厂房南侧中间部位上层窗户冒出黑色浓烟，有人开始进行扑救，但火势未得到有效控制。火势逐渐在主厂房吊顶内由南向北、由上向下蔓延，并向速冻车间、冷库方向蔓延。燃烧产生的高温导致主厂房西北部的1号冷库和1号螺旋速冻机液氨输送和氨气回收管线发生物理爆炸，造成该区域上方屋顶掀开，大量氨气泄漏，并介入了燃烧，火势蔓延至主厂房的其余区域。由于逃生通道不畅，最后导致121人死亡76人受伤直接经济损失1.82亿元的特别重大事故。

事故直接原因

该公司主厂房一车间女更衣室西面和毗连的二车间配电室上部电气线路短路，引燃周围可燃物。燃烧产生的高温又导致氨设备和氨管道发生物理爆炸，使大量氨气泄漏并介入了燃烧。造成火势迅速蔓延的主要原因：

（1）主厂房内大量使用聚氨酯泡沫保温材料和聚苯乙烯夹芯板；

（2）一车间女更衣室等附属区内衣柜、衣物等可燃物质多；

（3）吊顶内空间大部分连通；

（4）大量氨气泄漏介入燃烧。

造成大量人员伤亡的主要原因：

（1）聚氨酯泡沫塑料、聚苯乙烯泡沫塑料、氨气等材料均为可燃物且在燃烧后产生有毒害烟气；

（2）主厂房逃生通道不畅，有的通道锁闭，使火灾发生时人员无法及时逃出；

（3）厂房内无报警装置；

（4）未对员工安全培训、应急演练，员工缺乏逃生、自救互救知识和能力。

事故间接原因

（1）企业严重违反国家安全生产法律法规规范标准进行建设；

（2）企业的安全生产主体责任没有落实；

（3）从未对员工进行有关的安全知识培训和教育；

（4）有关部门的监督管理不力、缺失。

案例二

某省有一家从事农药中间体和医药中间体生产的化工有限

公司，主要产品为乙基氯化物等。某年11月20日下午因操作工失误将水渗漏到反应釜内，该水与釜中五氧化二磷发生剧烈化学反应，进而发生闪燃，从而引燃了周围化工原料，虽然工人扑救但是火势太大没能控制住，大火很快吞噬了整个生产车间和部分仓库，工人们只好撤离了现场。消防官兵到场后，经询问得知，车间北侧罐区还有储存乙醇的储罐，周围仓库内还有氯气等有毒、易燃化学品，消防指挥员立即下令用水枪和水炮阻隔火势，防止火灾蔓延，经数小时扑救，最后在晚上将火灾扑灭，企业造成巨大财产损失，被迫停产。这是一起严重的违反安全操作规程引起的火灾责任事故。

通过这些案例，也给我们提供了许多宝贵的教训。

下面我来介绍一些有关危险化学品发生火灾事故后的应急处置措施。

一、易燃气体火灾的应急处置

易燃气体常被储存在各种储罐、钢瓶或不同容器内，或通过管道输送。对这类气体（在压力下有时为液体）的火灾一般应采取以下应急处置措施。

1. 火灾发生后，首先要抢救受伤人员和被困人员。救人是第一位的。

2. 对气体火灾的扑救一定要先堵漏后灭火。如果在扑救过程中不慎将泄漏处火焰扑灭了，在没有堵住气体泄漏时还要立即用长点火棒将泄漏处点燃，使其恢复燃烧，否则大量易燃气体泄漏出来后在空气中浓度达到其爆炸极限时遇到明火会发生爆炸，其后果更加严重。

3. 清除火灾周围可燃物，切断火灾蔓延的可能性。如可（易）燃气体是从储罐、容器壁泄漏的，在阀门关闭无效时，可根据气体压力、泄漏点口径大小、形状等采用合适的堵漏材料（如橡皮塞、木塞、胶黏剂、包箍等）将泄漏处堵住。

4. 如可（易）燃气体是从管道壁泄漏处喷出发生燃烧的，就立即将管道阀门关闭。如年久失修，阀门一时无法关闭，做好燃烧周围处的冷却等保护工作，任其燃烧，待可（易）燃气体烧尽，火势也就自动熄灭了。在此期间，切记绝不能将火焰扑灭。

5. 已经过猛烈烧烤多时的钢制设备、容器等，应防止水枪的冷水直接喷到高温的设备、容器上，以免设备、容器爆裂伤人。

6. 现场指挥应密切注意危险征兆。如发现设备容器上的安全阀在尖叫，设备、容器在不正常地晃动、发出声响等可能会引起爆裂先兆时，应立即下达人员撤离疏散指令，抢救人员迅速撤至安全地带。

二、可（易）燃液体火灾的应急处置

1. 对小面积（50平方米以下）或局部的火灾，一般可用干砂、石棉毯、干粉、二氧化碳、泡沫、桶装水等灭火剂扑灭。如汽车加油站在给汽车加油时，在加油岛附近发生局部的零星小火时，可迅速取用放置在附近的石棉毯或干砂扑灭。灭火快，效果好。

2. 对大面积的火灾，应在向有关部门报案时，立即抢救受伤人员和被困人员到安全地带。

3. 一旦火势较大时，需确切了解灾情，了解火灾范围、区域、着火源头，是什么易（可）燃物质着火等。尽量利用现代科学手段，如使用小（微）型手控无人机进行空中侦察航拍，根据传回信息采用正确的灭火剂和灭火方法。

能与水互溶的易燃液体火灾，如某些醇类（甲醇、乙醇等）、酮类（丙酮等）、酰胺类（如二甲基甲酰胺等）等可用大量水扑救，因这些易燃液体，经大量水稀释后，低于闪点了，火焰也就自然熄灭。当然，这类火灾也可以用抗溶性泡沫、干粉等灭火剂。

与水不互溶而其密度又比水小的易燃液体火灾，如汽油、苯、甲苯、二甲苯等，不宜用水扑救。因为用水扑救后该类易燃液体会飘浮在水面上继续燃烧，而且随着水的流淌反而将火灾蔓延到其他地方。对这类火灾可用普通蛋白泡沫、轻水泡沫、干粉等灭火剂。

与水不互溶而其密度又比水大的易燃液体火灾，则可以用大量水扑救。如二硫化碳等的火灾，一旦起火，用大量水扑救时，水会罩在易燃液体上面使其与空气隔绝，失去助燃剂氧后，燃烧也因窒息而灭。

对于扑救有毒害性、腐蚀性或燃烧产物有毒害、腐蚀性的易燃液体火灾，扑救人员在救火时应占据上风向或侧风向位置，并佩戴好防毒呼吸器和有关防腐蚀的防护用品。

对于扑救像原油、重油等具有沸溢和喷溅危险的可燃液体火灾时，应严密监视可能发生沸溢、喷溅的征兆,一旦发现危险情况，救援人员必须立即撤离至安全地带。

三、爆炸物品火灾应急处置

1. 爆炸物品发生火灾时，在做好抢救人员自身保护前提下，立即对受伤人员和被困人员进行抢救，迅速将他们撤至安全区域，如来不及撤离应就地卧倒等待救援。

2. 迅速查明发生爆炸原因、爆炸物名称、数量、位置等情况以确定扑救措施。采取一切可能措施制止发生再次爆炸。

3. 如用水扑救爆炸物品堆垛火灾时，水流应采取吊射，避免强力水流直接冲击，使堆垛倒塌，引发其他事故。

4. 扑救人员在救火时尽量采用低姿、卧姿喷水，预防再次爆炸，做好自我保护。

5. 切忌用沙土盖压爆炸物品，以免爆炸物发生爆炸时反而增强其威力。

6. 在确保安全情况下，迅速组织人力及时将着火区域周边的爆炸物品疏散至安全区域。

四、遇湿易燃物品火灾的应急处置

遇湿易燃物品的一个特性是它能和水发生化学反应，产生可（易）燃气体和热量。有些物品，如钾、钠、三乙基铝（液态），即使没有明火，它们遇水后有时也能自动着火或爆炸。因此对这类物品的火灾扑救要求比较特殊，可用以下处置措施。

1. 遇到火灾时应迅速查明火情，包括是哪种物品起火，数量、范围、位置。是否还有其他危险化学品混存等。与此同时，迅速抢救受伤人员和被困人员至安全区域。

2. 如起火的遇湿易燃物品数量很少（在50克以内），则可用大量水或泡沫扑救，虽然短时间内火势会增大，但随着大量水的冷却和遇湿易燃物品产生的易燃气体逐渐燃尽，火焰也就逐渐熄灭。

3. 如起火的遇湿易燃物品数量较多，则严格禁用水、泡沫、酸碱等含水灭火剂扑救，此时可使用干粉、二氧化碳、干砂、水泥、干燥的硅藻土、蛭石、石墨粉和氯化钠等作为灭火剂。

4. 对粉尘类的遇湿易燃物品火灾，如镁粉、铝粉等着火时，不能使用带有压力的灭火剂喷射，因为这样会将粉尘吹起，飞扬到空气中，反而容易造成粉尘爆炸的可能。

5. 当遇湿易燃物品与其他物品存放处发生火情，一定要先查明是哪类物资着火？如不是遇湿易燃物品着火，应将油布、塑料薄膜之类防水材料，将遇湿易燃物品遮盖起来，防止消防喷水时进入或渗入。如系遇湿易燃物品着火，该物品为液体时，可用干粉等灭火剂扑救，如为固体，可用水泥、干砂等覆盖。对金属钾、钠、铝等轻金属火灾，宜用石墨粉、氯化钠以及专用的轻金属灭火剂扑救，不宜用二氧化碳灭火剂。

五、毒害品、腐蚀品类火灾的应急处置

这类物品的火灾特点之一，毒害品会从人的呼吸道、皮

肤、消化道进入，使人中毒。腐蚀品通过人的皮肤等灼伤人体，因此在扑救这些物品火灾时要特别强调对人的保护。

1. 火灾发生时，要积极抢救受伤人员和被困人员，撤至安全地带。

2. 扑救人员要占据上风向或侧风向的较高位置进行灭火。

3. 扑救人员灭火时必须佩戴有效的防毒呼吸器，穿着防护工作服、靴、手套等。

4. 灭火时尽量使用雾状水或低压水流，避免毒害品，腐蚀品四处飞溅。

5. 在扑救酸碱类腐蚀品火灾时，应将流淌出来的酸碱水溶液收集到事故池或污水池中。倘若尚可回用的，尽量回收利用，如无回用价值的，可用一些廉价中和剂处理，绝不能将酸碱废水四处横流污染周边环境。

6. 在有浓硫酸存在时的火灾扑救，要注意浓硫酸遇水会放出大量热而导致飞溅，伤害扑救人员。对这类火灾，先要摸清情况，如浓硫酸数量不多时，可用大量低压水快速扑救，因为浓硫酸数量不多，虽然会放热但用大量水冷却后还不会发生飞溅。如浓硫酸数量很大时，则不可采用上述办法。而应先用二氧化碳、干粉之类灭火剂灭火。待浓硫酸与着火物品分开后，对着火物品另用水扑灭。

六、对易燃固体、自燃物品火灾的应急处置

1. 对于大多数易燃固体、自燃物品的火灾，都可用水或泡沫扑灭。

2. 对于如萘、二硝基萘、2，4－二硝基苯甲醚等遇热易升华的易燃固体而言，因升华后的蒸气会与空气形成爆炸性混合物，故在扑救过程中，应不时地向四周和火灾上空喷射雾状水，对燃烧区域的明火要浇灭。

3. 对于如黄磷之类自燃点很低的自燃物品火灾，应用低压水或雾状水扑灭。对于已熔融为液体的黄磷，可先用泥土、沙袋等构筑围护拦截，待冷却后已成固体的黄磷，再用钳子将其捡起来放入有水的容器中，使其浸没在水中。

4. 对于不能用水或泡沫灭火的部分易燃固体、自燃物品，如三硫化二磷、铝粉、烷基铅、保险粉（低亚硫酸钠）等，如发生火灾后，宜用干砂、水泥和不带压力喷射的干粉进行扑救。

七、对氧化剂和有机过氧化物火灾的应急处置

氧化剂和有机过氧化物遇到易燃物品、可燃物品、有机物、还原剂易发生剧烈化学反应，从而引发燃烧、爆炸，加上

有的氧化剂遇水要分解，有助燃作用，有些氧化剂与其他氧化剂接触后能发生复分解反应，放出大量热，会引起燃烧、爆炸，所以这类物品发生火灾时，灭火剂的选择甚为重要。有的不能用水或泡沫灭火，有的不能用二氧化碳灭火。对这类物品火灾其应急处置措施如下。

1. 火灾发生后应先查明所燃烧的氧化物或有机过氧化物具体是什么品种？数量、位置、燃烧范围，周围还堆放了哪些物资？以确定采用何种灭火剂。与此同时，先把受伤人员，被困人员抢救出来，转移至安全区域。

2. 对于可用水或泡沫扑灭的火灾，尽快用水切断火势蔓延，将燃烧区域缩小，直至熄灭。

3. 对于不能用水或泡沫或二氧化碳灭火的应采用干粉、水泥、干砂覆盖。当采用水泥、干砂覆盖时，应从着火区四周，尤其是下风向火势蔓延处先覆盖，然后逐步向火灾中心点覆盖。

4. 对于遇酸会发生剧烈反应甚至爆炸的物品，如过氧化钠、过氧化钾、氯酸钾、高锰酸钾、过氧化二苯甲酰等的火灾，慎用酸性物质的灭火剂，如酸碱、泡沫、二氧化碳等一类灭火剂。

爆炸物品的火灾扑救

第二节　爆炸事故

爆炸是指一种极为迅速的物理或化学的能量释放过程。在此过程中，系统的内在势能转变为机械功及光和热的辐射等。爆炸的一个重要特征是在爆炸瞬间会产生大量高压、高温气体（或蒸气），并骤然膨胀，使得爆炸点周围发生急剧的压力突变，从而形成强大的冲击波，使人、财产、建构筑物遭受巨大伤害和破坏。

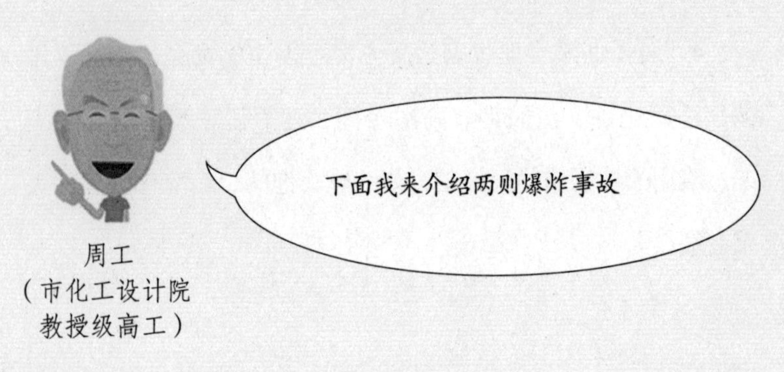

下面我来介绍两则爆炸事故
周工
（市化工设计院
教授级高工）

案例一

事故经过

某年8月，某省一家生产汽车轮毂的金属制品有限公司员工像往常那样进厂上班，7时10分，进入抛光二车间的工人开启除尘风机，然后进行作业，约4分钟后1号除尘器发生爆炸。爆炸冲击波沿除尘管道向车间传播，扬起了除尘系统内和车间集聚的铝粉尘，又连续发生系列爆炸，当天造成97人死亡（事故报告期30天内，因抢救无效又陆续死亡49人），尚有163人受伤，车间生产设备损毁，直接经济损失3.51亿元。

事故直接原因

事故车间除尘系统较长时间未按规定清理，铝粉尘集聚。除尘系统风机开启后，打磨过程产生的高温颗粒在集尘桶上方形成粉尘云。1号除尘器集尘桶锈蚀破损，桶内铝粉受潮，发生氧化放热反应，达到粉尘云的引燃温度，引发除尘系统及车间的系列爆炸。因车间没有泄爆装置，爆炸产生的高温气体和燃烧物瞬间经除尘管道从各吸尘口喷出，导致全车间所有工位的操作人员直接受到爆炸冲击，造成群死群伤。

事故间接原因

（1）企业违法违规组织项目建设和生产，除尘系统设计、制造、安装、改造违规，安全生产管理混乱，防护措施不落实等；

（2）有关管理部门的监督、管理不力，监管不到位等。

案例二

事故经过

某年8月，位于某市的某公司危险品仓库发生火灾爆炸事故。造成165人遇难、8人失踪、798人受伤、304幢建筑物、12428辆商品汽车、7533个集装箱受损，直接经济损失68.66亿元。

事故直接原因

涉事公司危险品仓库运抵区南侧集装箱内硝化棉由于湿润剂散失出现局部干燥，在高温（天气）等因素的作用下加速分解放热，积热自燃，引起相邻集装箱内的硝化棉和其他危险化学品长时间大面积燃烧，导致堆放于运抵区的硝酸铵等危险化学品发生爆炸。

事故调查组认定，涉事公司严重违反有关法律法规，是造成事故发生的主体责任单位。该公司无视安全生产主体责任，违法建设危险货物堆场，违法经营、违规储存危险货物，安全管理极其混乱，安全隐患长期存在。事故调查组同时认定，有关地方和部门存在有法不依、执法不严、监管不力、履职不到位等问题。

综合上述原因，最后造成了这起特别重大责任事故。通过这些血和泪的教训从一个方面给我们提供了十分珍贵的警示和教育。

下面我再来讲一下有关爆炸事故的应急处置。

一、危险化学品化学爆炸事故的应急处置

1. 爆炸发生后，首先要了解现场有无受伤人员和被困人员，抢救人员是事故处置中首要的工作。如有受伤、被困人员应迅速转移至安全区域。

2. 同时立即向企业主要负责人及有关部门报警。

3. 迅速查明发生化学爆炸的物质品名、爆炸区域、范围、周边物资情况、发生爆炸原因。防止新的爆炸发生。

4. 在安全保障前提下，及时将有可能会再次发生爆炸和燃烧的危险化学品迅速转移到安全区域。

5. 如用水扑救堆垛的爆炸物品时，应采用吊射，不能用强力水流平射冲击，以免堆垛倒塌引发其他事故。

6. 切忌用砂土覆盖爆炸物品，以免增强再次爆炸时的威力。

7. 扑救人员如采用水扑救时，宜采用远距离低姿，卧姿

方式喷水，以免爆炸物伤及人体。

8. 扑救人员一旦衣帽等着火时，应迅速脱掉衣帽等着火物，如来不及脱掉时，可将衣物撕破扔掉，切记不能奔跑。

9. 在现场扑救的人员要密切关注灾情的发展。对有可能会再次发生爆炸或喷溅等危险情况时，应及时撤离现场。

二、企业内物理爆炸事故的应急处置

1. 如压力气瓶、蒸汽锅炉等压力容器发生爆炸，首要任务也是先抢救现场的受伤人员和被困人员，并转移到安全地带，并进行一些简单的包扎、止血等紧急救护工作；

2. 同时立即向企业主要负责人和有关部门报警；

3. 对发生事故的设备、装置、管道等作紧急停车处理；

4. 将有危险的物资，重要物资疏散到安全地方。

爆炸事故应急处理

第三节　化工中毒事故

何谓化工中毒？系化学毒物进入人体内，发生毒性作用，使人体组织细胞或其功能遭受损害而引起的不健康或病理现象。

下面我来讲两则关于有毒气体中毒的事故

范医师
（某市化工职防所副主任医师）

案例一

事故经过

某年9月，某省某公司三环唑车间作业人员在往2号扩环反应釜夹套内注入冷却水降温时发现该釜内壁穿孔，于是将该釜内产品放空停用，当天上午7时许，通知车间维修班检修，白天作业人员往釜内注水进行冲洗。约8时50分车间维修班长戴上防毒口罩从釜上部用梯子爬入，一进入釜内就中毒昏倒，在釜外监护的人立即呼救，另一维修班长立即戴上滤毒罐防毒器具进釜去抢救，结果进釜后也中毒昏倒，此时在釜外的人员用铁钩钩住釜内两名中毒人员的皮带先后拉出，急送医院抢救，但都已无法救活。

事故直接原因

（1）事故反应釜在停用后仅采取注水清洗，釜内有毒气体（主要是硫化物、氮氧化物等）不能彻底清除掉；

（2）维修人员违规进釜，入釜前未办理进入受限空间安全作业证手续，也没有进行气体分析；

（3）维修人员佩戴的防毒口罩（如滤毒罐防毒器具等）很易失效，不符合要求。

事故间接原因

（1）企业安全生产规章制度不完善，执行不严格；

（2）事故隐患排查治理工作不到位；

（3）安全生产教育培训开展不力。

案例二

某年10月，某公司对某区污水管道进行清淤作业，4名工人率先进入8米深窨井内，当第5名工人进入时，突然感到头晕眼花，一旁工友见状，立即将其拉出，接着呼唤已下井的4

名工友已没有回应，遂立即报警。

消防官兵到达现场后，立即用送风机向井内输送新鲜空气，救援战士佩戴防毒呼吸器下井，将腰带系在被救人员身上，一一将下井作业被救人员拉至井上，遗憾的是已有3人死亡1人送医院抢救。

事后据事故调查组调查，这起导致3死1伤的事故系硫化氢气体中毒。通过这些案例，给人们提供了深刻的教训。

一、危险化学品企业常见的化学毒物、中毒症状及急救要点

现将危险化学品企业常见的化学毒物、中毒症状及急救要点列于表5-1。

表5-1　常见化工毒物的中毒症状及急救处理

化学毒物	中毒症状	急救要点
氯	吸入氯气后，黏膜受刺激引起咳嗽、咯血，胸部有压迫感，呼吸困难。大量吸入会引起肺水肿、昏迷。眼受刺激后流泪、酸痛；鼻咽黏膜受刺激，会引起发炎	① 立即离开现场。重患者应保温、吸氧、注射强心针 ② 眼受刺激时用2%小苏打水冲洗，咽喉疼痛时可吸入2%小苏打水温热蒸气
硫化氢	轻度中毒时头晕、头痛、恶心、呕吐；重度中毒时呼吸短促，意识突然消失，昏迷以至死亡	① 感到不适时，立即离开现场，呼吸新鲜空气，严重时送医院抢救 ② 眼受刺激时，用2%小苏打水冲洗，或用2%硼酸水洗眼，并涂金霉素眼膏

续表

化学毒物	中毒症状	急救要点
二氧化硫	吸入后对黏膜有强烈刺激作用，引起支气管发炎，大量吸入能引起反射性声带痉挛，喉头水肿以致窒息。眼受刺激后会流泪疼痛	① 立即离开现场，呼吸新鲜空气 ② 眼受刺激时，用2%小苏打水冲洗
氮氧化物	吸入后可能发生不同程度的支气管炎、肺炎和肺水肿，还可能引起眩晕、痉挛、多发性神经炎等，吸入高浓度时可迅速出现窒息、死亡	① 立即离开现场，呼吸新鲜空气 ② 静脉注射50%葡萄糖20～60mL ③ 服用止咳剂、镇静剂、抗生素
氨	强烈刺激眼睛并流泪，浓氨水溅入眼睛，可引起眼角膜表层溃疡，穿孔；高浓度大量吸入会引起肺炎甚至窒息	① 立即离开现场，呼吸新鲜空气 ② 溅入眼内时，立即用大量清水冲洗，再用3%硼酸液冲洗，最后用金霉素眼膏涂敷
溴	由皮肤接触或吸入中毒产生皮疹，吸入后引起咽炎、咳嗽、疼痛刺激眼睛流泪等	① 若溅在皮肤上要立即用大量水冲洗，并送医院治疗 ② 若吸入后，应立即离开现场，严重时送医院治疗
一氧化碳	通过呼吸道吸人。轻度中毒时头晕、恶心、全身无力，甚至意识不清，出现幻觉、错觉等；重度中毒时立即陷入昏迷，呼吸停止而死亡	① 将中毒者立即抬到新鲜空气处，同时注意保温 ② 对停止呼吸者立即施行人工呼吸，并给氧气 ③ 注射可拉明等强心剂
氟化氢	吸入后损害造血及神经系统，腐蚀牙齿、骨骼、皮肤、黏膜等。其水溶液为氢氟酸，溅在皮肤上引起难以忍受的灼痛	① 立即离开现场，送医院治疗 ② 若氢氟酸溅在皮肤上，应立即用大量水冲洗，再用5%小苏打水洗，涂以甘油一氧化镁糊，并立即送医院
可溶性钡盐	误服后，食道、胃有烧灼感，呕吐、腹痛、血压下降以致心肌麻痹而死亡	立即用1%硫酸钠溶液洗胃，使可溶性钡盐变为硫酸钡沉淀，失去毒性
汞及汞盐	多数为慢性中毒，损害消化系统及神经系统。口流涎，牙痛，齿龈出血，嗜睡，头痛，记忆力减退，手指、舌头出现颤抖，恶心，呕吐，上腹部灼痛等	① 对慢性中毒者，在医师指导下肌注5%二巯基丙磺酸钠等治疗 ② 对急性中毒者，要立即送医院。如为口服中毒，应立即用2%小苏打水溶液或水洗胃并用解毒剂（如二巯基丙磺酸钠、硫代硫酸钠等）

续表

化学毒物	中毒症状	急救要点
砷及砷化合物	急性中毒，误服后不久即咽干、口渴、呕吐（有血）、腹泻、头剧痛、心力衰竭至死。慢性中毒者，毛发脱落，指甲萎缩变松，皮肤色素沉淀	① 急性中毒者需立即移离现场并送医院抢救 ② 应用解毒剂（如二巯基丙磺酸钠、二巯基丙醇等）使与组织内的砷结合而解毒
磷及磷化合物	误服后口腔有烧灼感，呕吐物呈黑色，腹痛，肝肿大，出现黄疸，便尿血，重者呼吸衰竭，可致死亡。慢性积累性中毒，可使骨质松脆，以致坏死。直接接触磷可引起严重灼伤	① 内服中毒者，速用0.1%硫酸铜溶液催吐洗胃（也可用1∶2000的高锰酸钾溶液） ② 皮肤接触者，用水冲洗、浸泡、再用1%硫酸铜溶液洗泡
铅及铅盐	主要是慢性中毒，损害消化道及造血系统，常见头昏、头痛、全身无力、便秘、齿龈边缘出现蓝黑色铅线。肚脐周围常有发作性剧烈难忍的疼痛（铅绞痛）	① 在医师指导下采用驱铅剂（如依地酸钙钠等）使血液及组织内铅质从尿排出 ② 急性中毒立即送医院，可用洗胃、催吐、导泻等方法抢救
六价铬化合物	主要损害皮肤、黏膜、消化系统，初期出现红点（发痒），以后侵入深部以致骨骼难愈合，能使黏膜发炎，溃疡，引起肝肿大、肾炎	铬疮及皮炎可用外敷5% ~10%的EDTA油膏或硫代硫酸钠油膏
镉及其化合物	多因蒸气、烟雾的吸入而中毒，口内有甜味，全身疲乏，引起肠胃炎、肾炎、上呼吸道炎症	轻度中毒时，大量饮水，安静休息；严重中毒时用1%小苏打水洗胃治疗等
甲醇	损害神经系统，引起视神经疾病，吞服后立即引起恶心、呕吐、全身青紫，甚至立即死亡	① 应送医院急救，早期可催吐、并用2%小苏打液洗胃，然后用硫酸钠导泻 ② 病情危重者，可用透析疗法，常可挽救生命，防止目盲
三氯甲烷	侵入内呼吸道，急性能刺激黏膜，淌泪、流涎；慢性能引起消化不良；长期接触能损害肝脏	① 急性中毒时立即移至新鲜空气处 ② 送医院治疗
四氯化碳	急性中毒，头眩晕、激动、呕吐、右上腹疼痛、肝肿大、黄疸、转氨酶升高；慢性中毒，神经衰弱，胃肠功能紊乱	① 急性中毒时，立即移至空气新鲜处，施行人工呼吸，必要时输氧 ② 视情况接受康复性治疗

续表

化学毒物	中毒症状	急救要点
乙醚	由呼吸道吸入人体内，刺激黏膜，引起头痛、头晕、麻醉等	① 立即离开现场到空气新鲜处休息 ② 如有呼吸障碍时，可小心采用中枢兴奋药及有关综合治疗
苯及其同系物	急性：轻者如酒醉，重者呕吐、昏迷、肌肉痉挛、抽搐、血压下降、呼吸衰竭 慢性：损害造血、神经系统，鼻腔、牙龈出血，皮肤黏膜出血，便血，月经过多，头痛，头晕，全身无力	① 急性中毒时应立即送医院抢救 ② 全身性中毒可注射10%硫代硫酸钠注射液

注：1. 对于麻醉性中毒或窒息者可施行人工呼吸；对于刺激性中毒者不宜施行人工呼吸抢救。

2. 进行人工呼吸时，应解开中毒者或窒息者上衣领扣、紧身衣服和腰带，被抢救者的头应倾向侧面，并及时吸出其口内多余分泌物，以保持呼吸道畅通。人工呼吸应进行到患者恢复正常呼吸或经医务人员确诊死亡时方可停止。

3. 以上急救用药应在医师指导下进行。

化工中毒

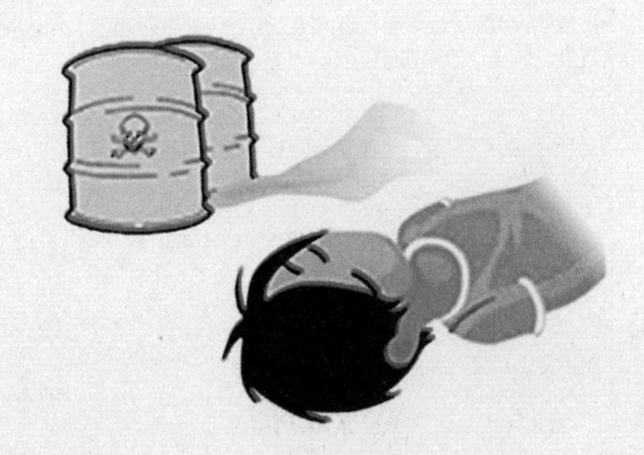

二、急性中毒的现场应急处置方法

对在现场的急性中毒患者，有时难以立即送到医院时，现场的应急处置就显得尤为重要和关键。下面再介绍一些急性中毒的现场应急处置方法。

1. 对吸入有毒物者应迅速将中毒者转移至空气新鲜处，松开患者衣领、裤带，此时注意其保暖，并及时切断毒物来源（如关闭阀门），开启通风。在进入有毒物场所时，抢救者本人应事先穿戴好各种防护用品，带上救护用工器具。

2. 对被毒物污染皮肤者，应迅速脱去其衣服、帽、鞋袜、手套等，在保暖情况下用流动清水冲洗15分钟以上。如眼睛被污染，要将患者眼皮掰开，用洗眼器冲洗。

3. 对口服中毒者，如非腐蚀性物质，应立即用催吐方法，将毒物吐出。在现场的催吐方法中，有一种比较实用，简便的方法是：施救者可用干净的食指伸入患者口中，按压舌根部，患者会本能地将胃中毒物吐出。在催吐时，应使患者身体前倾，低头，以免呕吐物呛入气管。如系误服强酸强碱时给患者服饮牛奶、蛋清，不宜采用催吐方法。对已失去知觉误服石油类产品者，或有抽搐、呼吸困难、神志不清或吸气时有吼声的患者，均不能实施催吐。

4. 对呼吸已停止，心跳尚存的患者，应立即施行口对口的人工呼吸，直至呼吸恢复正常。

5. 对心跳已停止，呼吸尚存的患者，应立即施行心肺按压复苏，直至心脏恢复正常跳动。

6. 对呼吸和心跳均已停止的患者，应立即进行口对口人工呼吸和心肺按压复苏抢救。

7. 经现场应急处置后的患者，最后还需送医院治疗。

抢救伤员

第四节 化学灼伤事故

何谓化学灼伤?

某些化学品或它们的溶液与人体皮肤或黏膜等接触后，能氧化、腐蚀接触部位的有机组织，甚至使有机组织炭化，损坏其正常生理机能。引起这类伤害的一般称为化学灼伤。

我来介绍一个本公司曾经发生过的化学灼伤事故案例。

王总
（某化工企业总工）

事故案例

去年9月我公司一名化工操作工在车间上班时，按规定每1小时要到所管辖设备去巡回检查一遍，这天这名操作工在检查途中不小心踩到一只盐酸地下槽顶盖上，该顶盖为塑料板材质，因年久强度降低，塑料盖板破碎，使该工人跌入该盐酸槽内，刚开始掉落时这名工人还在不停地呼救，后来因喝了几口盐酸使消化道、呼吸道及皮肤多处化学灼伤，渐处昏迷，边上工友听到呼救声后赶紧过来抢救，用铁管、木棍等工具合力将槽中工人救上来，涉事工人呕吐不止，神志已不清醒，生命垂危，急送医院抢救，最后还是无力回天，给我们留下了深刻的教训。

范医师
（某市化工职防所副主任医师）

下面我从对人体皮肤和眼睛的化学灼伤两方面来介绍一下腐蚀品的灼伤及应急处置方法。

一、腐蚀品对人体皮肤的化学灼伤

在危险化学品企业里较常见的腐蚀品有各种酸、碱、磷、苯酚、溴及各种盐类。

如强酸接触人体皮肤后，会引起皮肤组织蛋白凝固，形成厚痂。灼伤程度与酸的种类、浓度、接触时间长短有关。以浓硫酸为例，它与人体皮肤接触后，如不及时冲洗可使皮肤变成黑色或棕黑色，周围微肿，疼痛。如与稀硫酸接触可发生皮炎。如与硝酸接触，皮肤开始时发痒、有刺激感，皮肤局部呈橙黄色，如不立即冲洗可变为黄褐色，局部结痂。如硝酸浓度达80%时，局部皮肤会坏死，形成溃疡。如与盐酸接触，初时皮肤有发痒、潮红现象，重者出现小丘疹，浓盐酸可引起灼伤，形成溃疡，皮肤呈白色或黄色。如与氢氟酸接触，当氢氟酸浓度较低时，皮肤疼痛感不明显，但数小时后会逐渐加剧。当浓度为20%～60%时，可引起灼伤，当浓度达到98%时可立即引起疼痛。氢氟酸的灼伤一定要及时处理，不要因起初时无明显疼痛感而贻误时机，一旦感到疼痛了，再处置往往会造成难以治疗的组织坏死和骨骼损伤。

如强碱与皮肤接触后，对人体组织的破坏及渗透性都较强，除立即与皮肤表面作用外，还能皂化脂肪组织，吸出细胞内水分，溶解蛋白质并与之结合形成碱性蛋白化合物，使灼伤逐步加深。皮肤表面会变白、柔软、脆弱、刺痛，周围红肿起水泡，重者糜烂。如强碱进入消化道，可诱发消化道大出血，当人体吸收后可引起碱中毒。

磷灼伤是黄磷在空气中燃烧引起的，因磷会自燃生成五氧化二磷，它与空气中水分生成磷酸，它对皮肤的灼伤是复合性的，既有酸灼伤又有烫伤。创伤处呈黑绿色点片状，有疼痛感、水肿，如磷嵌入皮肤组织内，会增加处置难度。

有关常见腐蚀品灼伤的急救或治疗方法列于表5-2。

表5-2 常见危险化学品灼伤的急救治疗方法

化学品	急救或治疗方法
酸类（硫酸、盐酸、硝酸、磷酸、醋酸、蚁酸、苦味酸等）	先用大量流动清水冲洗15分钟，然后用5%小苏打水溶液冲洗，最后再用清水冲洗干净
碱类（氢氧化钾、氢氧化钠、碳酸钠、碳酸钾、氨水、石灰水等）	立即用大量流动清水冲洗，然后用2%硼酸溶液冲洗，最后再用清水冲洗干净
碱金属氰化物，氢氰酸	先用高锰酸钠溶液洗涤，再用硫化铵溶液漂洗
磷	应迅速用湿布敷盖灼伤处皮肤，或将灼伤处浸入水中，尽量清除创伤表面的残余磷。也可以先用10g/L硫酸铜溶液洗净创面残余磷，再用1：1000高锰酸钾湿敷，外涂保护剂，用绷带包扎
苯酚	先用大量水冲，然后再用4体积乙醇（70%）与1体积氯化铁（0.33mol/L）的混合液洗涤
溴	用1体积（25%）的氨水与1体积松节油、10体积乙醇（95%）配成的混合液处理灼伤处
铬酸	先用大量流动清水冲洗，然后用硫化铵溶液漂洗
氢氟酸	首先用干净的布或吸湿性好的纸擦去灼伤表面的酸液，再立即用石灰水、饱和碳酸氢钠溶液或自来水冲洗15～30分钟，再用饱和硫酸镁溶液浸泡，以促进恢复防止坏死。若灼伤部位已形成水泡，应切开后用30%葡萄糖酸钙、氯化钠溶液浸泡，浸泡后，在灼伤硬结下注射葡萄糖酸钙以形成氧化钙，起止痛和控制破坏作用。此外局部灼伤可敷氧化镁与20%甘油混合的糊状膏。已形成溃疡或水泡，或浸透指甲床，可切开，必要时将指甲剥离或做局部切除，用弱碱溶液浸泡后再敷以氧化镁油膏。

续表

化学品	急救或治疗方法
氯化锌、硝酸银	先用大量流动清水冲洗，再用50g/L小苏打水溶液漂洗，涂油膏及磺胺粉

注：本表急救或治疗方法应在医师指导下进行。

二、腐蚀品对眼睛的化学灼伤应急处置

1. 在现场应迅速用洗眼器冲洗眼睛。冲洗时应将患者眼皮掰开，让流动清水能冲洗到被腐蚀品化学灼伤的所有部位。在冲洗时，注意水流压力要适宜。

2. 也可将患者头部眼睛部位埋入清洁的水盆中，将眼皮掰开，使眼球能充分接触到清水，转动眼球进行洗涤，及时更换清洁水。

3. 当有甲基氯化物蒸气或液滴进入眼睛时，用2%小苏打水溶液冲洗眼睛，洗涤时，也应将眼皮掰开，充分冲洗，以防角膜进一步被灼伤。

4. 当有生石灰、电石粉尘（或细颗粒）进入眼内，可用蘸有石蜡油或植物油的棉签轻轻地剔除上述粉尘（或细颗粒），之后再用大量流动清水冲洗眼睛。

5. 经上述应急处置后的皮肤和眼睛的患者，最后再送医院进一步治疗。

化学灼伤

第五节　危险化学品的泄漏事故

何谓危险化学品泄漏？

是指危险化学品从业单位在生产、经营、使用、储存、运输或废弃物处置过程中，因物质的不安全状态，人的不安全行为或管理上的缺陷使化学品从设备、机泵、管道、储罐、包装容器等盛器内向外泄露出来，这些泄漏物或以气态、液态或固态形式出现，无论哪种形式，都将使企业遭受物质上的损失以及对人员的生命安全构成威胁，还可能对环境造成较大影响。

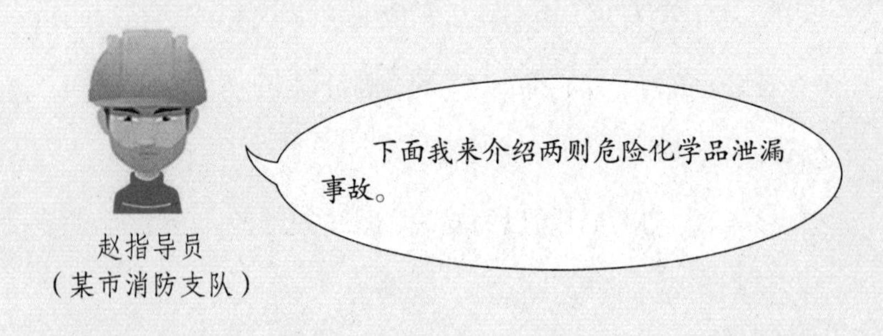

下面我来介绍两则危险化学品泄漏事故。
赵指导员
（某市消防支队）

案例一

事故经过

某年11月，某分公司的输油管道发生原油泄漏事故。约有2000吨原油漏入市内市政排水暗渠，通过暗渠部分原油已漏至附近海域，造成胶州湾局部海面污染，还有部分原油留存在暗渠内。为抢修泄漏的管道，现场决定打开暗渠盖板，为此动用了挖掘机和液压破碎锤进行打孔、破碎作业，由于作业过程中产生撞击火花，立即引起暗渠内的油气爆炸。爆炸产生的冲击波及飞溅物品造成现场抢修人员、过往行人、周边单位和社区人员共62人死亡，136人受伤，直接经济损失达7.5亿元的特别重大事故。

事故直接原因

输油管道与排水暗渠交汇处管道因腐蚀减薄，管道发生破裂，原油外泄流入排水暗渠，部分反冲到路面。原油泄漏后，现场处置人员采用液压破碎锤在暗渠盖板上打孔破碎，产生撞击火花，引发暗渠内油气爆炸。

事故间接原因

（1）涉事企业安全生产责任不落实，隐患排查治理不彻底，现场应急处置措施不当；

（2）有关管理部门对安全生产监督管理不力，履行职责工作不到位；

（3）有关部门对事故发生后研判失误，应急响应不力。

案例二

某年10月，某高速进京方向某隧道内发生一辆载有30吨焦煤的大货车与一辆满载33吨甲醇的槽罐车发生交通事故，导致槽罐车罐体破裂，甲醇泄漏，满地都是泄漏的甲醇，空气中弥漫着刺鼻的气味，情况十分危急。消防官兵赶到后对现场设置警戒区域，对过往车辆交通管制，疏散现场围观群众，警戒区内严禁一切火源。消防官兵用喷雾水枪对泄漏点进行稀释。路边设置围挡护堤，防止对周围环境污染。一部分消防官兵穿戴轻型防化服，空气呼吸器，在喷雾水枪掩护下携带侦检器材对现场进行检测，又通知肇事单位另派空罐车在事故附近选择合适区域在二支水枪保护下进行"倒罐"作业，使罐体内剩余的23吨甲醇安全转移到空罐内。就这样已经造成了10吨甲醇的泄漏损失事故。

危险化学品的泄漏事故在企业生产、经营、使用、储存和废弃物处置过程中也是比较常见的一类。现将发生危险化学品泄漏事故的常见原因和应急处置原则分别介绍于下。

一、发生危险化学品泄漏事故的常见原因

1. 企业的工艺技术较落后，缺乏机械化运作，有些企业仍以极原始的作坊式靠人力在搬运物料，人工投卸料，靠人操作，危险化学品暴露机会多，造成危险化学品泄漏事故的概率也高。

2. 生产上使用的是淘汰设备或落后的设备，密闭性能差，跑冒滴漏现象普遍，且有的还较严重。

3. 工艺配置不合理，生产工艺流程中缺少有关环节，因而也缺少有关设备、设施，而是靠人工来转驳或替代机械化输送，增加危险化学品泄漏机会。

4. 平时缺乏对设备的维修保养和必要的检修，致使设备带病运行，物料跑冒滴漏多。

5. 设备和管线上的排放口、取样口会产生物料的泄漏，如有毒、可燃气体的安全阀排放口等未连接到气体后处理设备中，而直接排入大气。对存在剧毒、高毒类物质的取样口未设计为密闭取样系统，也会造成一些化学品的泄漏。

6. 未按工艺特性和介质的理化性质来选择动设备的密封介质和密封件也会造成介质的泄漏。

7. 对危险化学品储存装置未采取高、低液位报警和高高、

低低液位联锁及紧急切断装置设计，会造成溢料、跑料等泄漏事故。

8. 如在生产、储存等场所接到可燃及有毒气体泄漏报警系统报警后，未按应急处置要求采取果断措施，会造成可燃、有毒气体的进一步泄漏。

9. 因企业发生生产事故，如火灾、爆炸等使生产系统内的危险化学品流出或溢出。

10. 操作工因违反安全操作规程，不遵守安全规章制度，造成危险化学品泄漏。

11. 从业人员因违反劳动纪律擅自脱岗、睡岗、串岗等，容易造成生产事故而使物料泄漏。

12. 因交通事故，使运输车辆上的危险化学品泄漏。

二、危险化学品泄漏事故的处置原则

一旦发生危险化学品泄漏事故后，为尽量减少其损失、危害和影响，从业人员应立即采取有效的应急处置措施，处置过程中应掌握好以下一些原则。

1. 如泄漏物为液体或固体时，且泄漏量又较大，此时应在泄漏处四周设置围护物阻挡泄漏物流散，然后将围护内的泄漏物转移到收集容器中。如泄漏物无法转移到收集容器中，可向该围护内的泄漏物进行无害化处理。如酸类泄漏物可投入生石灰中和等。

2．如泄漏物数量较少时，对液体泄漏物可用木屑或细砂、干燥泥土拌和吸附，再将吸附有危险化学品液体的木屑、细砂、泥土集中销毁（注意：千万不能按普通生活垃圾丢入垃圾箱内或填埋）。对固体泄漏物应直接收集到专用容器中。以上两类泄漏物洒在地上后绝不能用水将其冲入下水道内。

3．如泄漏物为有毒气体时，处置人员应佩戴有效的防毒呼吸器和其他防护用品进行工作。如确认该泄漏已无法控制，应选择正确的逃生方向（毒气源的上风或侧风向）快速撤离现场。

危险化学品泄漏事故

第六节　触电事故

何谓触电？人体被一定量的电流通过，引起人体组织、脑和心脏等重要器官的功能障碍。

人体触电分两类：电击和电伤。

1. 电击

是指电流通过人体内部器官（如心、脑、神经系统等），对这些器官造成内伤，损害了这些器官的正常工作，致使人的生命受到严重威胁，直至死亡。大多数的触电死亡事故就是因为电击造成的。

2. 电伤

是指因电流的热效应、化学效应或机械效应对人体所造成的伤害。如电弧对人体的灼伤，在皮肤表面留下灼伤印或伤疤。电伤因发生在人体外部，使人体外部某一局部遭受到伤害。

樊总
（某涂料公司
总经理）

我来介绍一下前年我公司里出过的一起触电事故。

事故案例

某年夏天，气温较高，车间里的室温已超过39摄氏度，加上设备在运转时又要产生热量，为改善操作环境，岗位操作工就用大排量的排气机进行通风。该排气机系直接落地摆放，由电工临时接了一条电线，因操作工要移动该机，在移动时将风机外框架压在该电线上，压破了电线外的蛇皮软管和绝缘塑料皮，使电线的铜线露出并与风机外铁框架接触了，电流通过风机铁框架导入人体，该操作工当即触电，待其他工人发现后立即切断电源，为时已晚，经送医院抢救无效而死亡。这个案例虽然讲的是风机铁框架压破地上电线绝缘层引起的触电事故，其实在化工（危险化学品）企业里类似情况也时有发生。

钱工
（省安装公司
电气高工）

下面我来讲一下常见触电事故的原因和应急处置方法。

一、企业常见触电事故的一般原因

1．电气设备安装不合理，电缆线不按规定布线，且老化。如夏季气温较高时，车间往往会临时安装排气扇，这些电线有时着地乱布置，如同上述事故案例那样，当电线外橡胶、塑料护套破损时，很易使人触电。

2．电气设备维修不及时，且带病运行，如电气设备的接地装置或漏电保护器已失效，未及时检维修，且继续使用，也很易造成人员触电。

3．不遵守电气设备的安全操作规程，对停送电不履行作业票审批手续擅自停电送电，且在工作现场不挂警示牌标志或上锁。如某企业一名工人进入带搅拌装置的反应釜内检修，进釜前已将电源闸拉下，但未挂警示牌，更没上锁，后来来了一名工人不知情，将电闸合上，使釜内搅拌器转动起来，造成釜内检修工死亡。

4．有些电气作业人员不按规定穿戴电气防护用品，未采取绝缘措施，凭经验擅自徒手进行高压电操作，极易发生电击或电伤事故。

5．电工是特种作业，需经有资质单位培训并经考核合格持证上岗。但有时，有些非电气作业人员，无证人员去干电气工作，也是引发触电事故的另一原因。

二、触电事故的应急处置

为降低触电事故的伤害，及时抢救触电人员至关重要。下面就介绍一些常用的应急处置措施。

1. 在实施救助前，先仔细观察，不要贸然触摸触电者身体，如伤员仍和电源相连。触摸触电者会有触电危险。

2. 必须先关闭电源（拉下电源开关箱的闸刀，拔掉电插头或扯断电线）。

3. 如一时无法关闭电源，应迅速用绝缘物，如木棍、扫帚、硬塑料管等将电线拨离触电者。

4. 如不能用绝缘物移除电线，可用干燥的绳索缠住触电者足踝或手臂，将他拖离电源，或者站在干燥的绝缘物上，如塑料垫、电话簿等，用几层干燥衣服将手包好拉触电者衣服，使其脱离电源。

5. 确定触电者和电源之间无任何连接后，立即进行初级检查。该检查是要对触电者快速判断是否意识清醒，是否有生命迹象？方法是：向他问一些眼前的问题，要他睁开眼睛，轻摇他肩膀，看他有无反应。如无回应，可初步判断触电者已无意识，需紧急救治。同时拨打120急救电话。

6. 对触电后无呼吸，但心脏尚有跳动者，立即采用口对口的人工呼吸（先清除触电者口鼻中的异物，将头后仰，下颌抬高，用手紧捏鼻孔，口对口吹气，频率为每分钟14～16次）对有呼吸但心脏停止跳动者，应立即对其进行胸外心脏外压（方法是：急救者把一只手放在患者胸部，另一只手掌叠放在上面，十指交叉，但手指不要压到患者肋骨，俯身双手伸直，用力垂直按压患者胸部，使胸骨下陷4～5厘米后再放松，但不要移开手，以每分钟100次频率进行30次胸部按压。注意在进行下一轮按压前，使患者的胸廓充分回弹），以此抢救。

7. 对心跳和呼吸均已停止的触电者，则同时采取上述人工呼吸和心脏外压进行抢救，直到医院急救人员赶到接手救治工作。

触电抢救

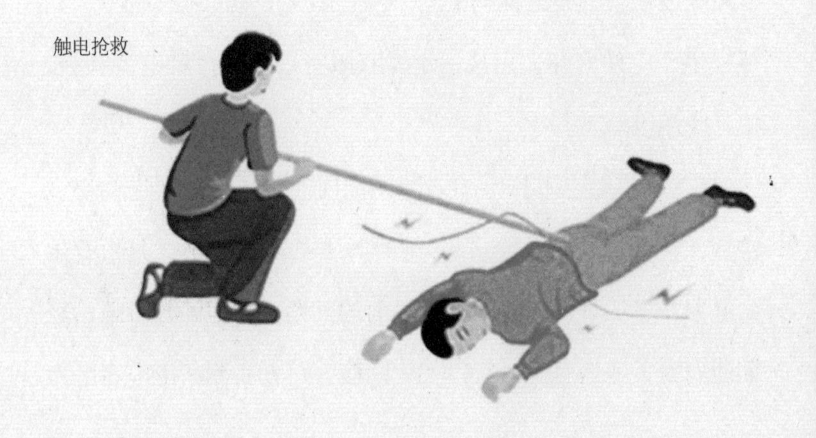

主要参考资料

[1]《危险化学品重大危险源辨识》GB 18218—2009.

[2]《生产经营单位生产安全事故应急预案编制导则》GB/T 29639—2013.

[3]《危险化学品单位应急救援物资配备要求》GB 30077—2013.

[4]《化学品生产单位特殊作业安全规范》GB 30871—2014.

[5] 国家安全生产监督管理总局宣传教育中心编. 危险化学品生产单位主要负责人和安全生产管理人员培训教材. 北京：冶金工业出版社，2011.

[6] 周学良编著. 新编化工生产技术与产品手册. 杭州：浙江科学技术出版社，1999.

[7] 浙江省安全生产教育培训教材编写组. 危险物品作业（修订版）. 上海：上海科学普及出版社，2009.